市政污泥特性与再生利用引论

雍　毅　吴香尧　主编

中国环境出版社・北京

图书在版编目（CIP）数据

市政污泥特性与再生利用引论/雍毅，吴香尧主编. —北京：中国环境出版社，2016.3
ISBN 978-7-5111-2728-0

Ⅰ. ①市…　Ⅱ. ①雍…　②吴…　Ⅲ. ①市政工程—污泥利用　Ⅳ. ①X703

中国版本图书馆 CIP 数据核字（2016）第 044572 号

出 版 人　王新程
责任编辑　杨吉林
责任校对　尹　芳
封面设计　岳　帅

出版发行　中国环境出版社
（100062　北京市东城区广渠门内大街 16 号）
网　　址：http://www.cesp.com.cn
电子邮箱：bjgl@cesp.com.cn
联系电话：010-67112765（编辑管理部）
发行热线：010-67125803，010-67113405（传真）
印　　刷　北京市联华印刷厂
经　　销　各地新华书店
版　　次　2016 年 5 月第 1 版
印　　次　2016 年 5 月第 1 次印刷
开　　本　787×960　1/16
印　　张　11.25
字　　数　170 千字
定　　价　45.00 元

前　言

21世纪初以来，我国在城市生活污水处理上仅政府投资已近万亿元，表面上成绩斐然，实际上生活污水处理达标了，但污染物大都还在，原生活污水中各种污染物却大部分遗留在污泥中，污泥成了污水中各种污染物的“收容所”。以普通活性污泥法处理城市生活污水为例，原污水中BOD经生化处理过程约42%被氧化分解为H_2O和CO_2，约48%转入污泥中，10%随尾水排入环境；原污水中的重金属在生化处理过程有70%～90%转入污泥中；而原污水中病原菌及寄生虫卵90%以上转入污泥中。至于原污水中的多氯联苯、邻苯二甲酸等也大部分转到污泥中。可见城市生活污水处理厂只把污水处理到位，缺少污泥处理处置环节，不像欧美国家那样，将生活污水处理和污泥处理处置作为一个整体工程予以统一规划、统一设计、统一核算，形成一个完善成套的处理工艺体系。可是我国城镇生活污水处理系统没有配备污泥处理处置设施，未能成为一个完善成套的处理工艺体系，随着我国城镇污水处理厂不断建设，污泥不断产出，污泥处理处置却未及时跟上，据统计目前我国城镇生活污水处理厂每年污泥产生2 500多万吨（含水率80%），其中大部分（80%以上）污泥未做稳定化、无害化处理而随意堆放，仅10%进行安全填埋，少量做焚烧处理，大量污泥存在二次污染的环境风险，造成环境污染问题逐渐凸显，给环境带来长期的生态隐患，已引起社会各界关注和政府部门的重视，为此四川省环境保护厅科技标准处特拨专款设立“四川省生活污水处理厂污泥特性及实用处置技术研究”项目，试图在了解市政污泥特性的基础上，开展行之有效的实用的市政污泥处理处置工艺技术的探索和研究，包括市政污泥高温好氧堆肥试验和蚯蚓立体养殖处理污泥的试验。本书是该项目研究成果的结晶。

四川省固体废物处理专业委员会意识到市政污泥既是污染源，又是可再生资源（包括生物质能源和土地利用的肥料源），只要把握市政污泥的特性，根据污泥所具有的特性和所在城市的社会经济条件，选择技术可行、经济合理、市场允许的污泥再生利用工艺技术，可以将市政污泥变成非常有活力的再生资源。于是在四川省环境科学研究院和四川省环境科学学会的关怀下，在专委会主任雍毅研究员领导下，组织以吴香尧教授为主的11人研究团队（其中包括成都理工大学李文博、安米基两位硕士研究生），开展本项目研究。本书由雍毅、吴香尧主编，由吴香尧执笔，书中若有不当之词或不妥学术观点，概由执笔者负责。参加本书编写工作的还有吴怡、薛嘉、梁荫、尹朝阳、黄洁、许禄钟、辜祖谈。

书中着重介绍市政污泥静态高温好氧堆肥和蚯蚓养殖处理脱水污泥的土地利用工艺技术，强调热水解预处理加高固率厌氧消化加沼气提纯的生物质能源利用新工艺技术，也详细介绍市政污泥制砖和生产水泥的工艺技术，但愿在学术界目前正处于摸索和研发市政污泥处理和再生利用各种工艺技术之际，对从事市政污泥再生利用的同行有参考价值。

本书出版得到了四川省环境保护厅科技标准与产业发展处的大力支持，特此致谢！

吴香尧

2015年11月于成都

目　录

1 市政污泥的种类

市政污泥又称生活污泥，是指城镇生活污水处理厂在污水净化过程中产生的含水率不同的半固态或固态物（不包括栅渣、浮渣和沉砂），是一种含大量容易腐化发臭的有机物微粒为主的悬浮物与水相混合形成的呈胶体悬浊液状态的水合物，具胶体特性，组成极其复杂，含水率高，体积庞大，常含病原菌、寄生卵、重金属等有害物质；它主要由亲水性超胶体颗粒（ϕ1～100 μm）和大颗粒（亲水性胶体聚集而成大颗粒）组成的凝聚体。因此可以说对市政污泥的研究在很大程度上是对污泥中胶体的研究，在探讨污泥脱水机理时必然涉及胶体化学理论与胶体界面理论。

市政污泥的种类根据生活污水处理过程的来源不同而分为如下几类。

1.1 初沉污泥

初沉污泥是指来自沉砂池和初沉池中沉降下来的悬浮物质和底泥，而沉砂池的沉渣与格栅池的栅渣一道外运清除。初沉池的污泥含固量在 2%～4%，即初沉污泥含水率达 96%～98%。

1.2 二沉污泥（生物处理污泥）

二沉污泥，又称生物处理污泥，是指污水中有机胶体和溶解性有机污染物经微生物降解作用而形成的悬浮固体，其中又分为如下两类：

（1）剩余污泥

这是指二沉池中采用活性污泥法处理过程产生的污泥，含固量仅 0.5%～1.0%，即含水率为 99%～99.5%。

（2）腐败污泥

这是指二沉池中由生物膜法处理过程产生的污泥，含固量达 1.0%～3.0%，即含水率为 97%～99%。

1.3 化学污泥

这是指采用混凝沉淀工艺过程等化学处理法产生的污泥，其性质取决于选用的混凝剂种类[如选用聚丙烯酰胺（PAM）、硫酸铝（MC）等]，选用的混凝剂不同，所产生的污泥性质便有所不同。

1.4 混合污泥

这是指生活污水经二级处理后产生的各种污泥所混合的产物，即上述各种污泥混合的产物，含固率达 2.5%～7.0%。本书采集的污泥样品都是初沉污泥和剩余污泥相混合的污泥，其中初沉污泥占 60%～70%，剩余污泥占 30%～40%。

1.5 消化污泥

这是指初沉污泥和剩余污泥经消化处理后（主要是厌氧消化工艺）产出的污泥。由于消化处理使原污泥中大部分有机物被消化分解而不易腐败；又由于原污泥中的病原菌和寄生虫卵被杀灭而无害化，因此消化污泥已成为稳定化、无害化的污泥，其中厌氧消化污泥含固率一般为 2.5%～7.0%；好氧消化污泥含固率一般为 1.5%～4.0%。

2 市政污泥产生量

市政污泥产生量是指城市生活污水净化处理过程产生的污泥量，它占进行处理的污水体积总量的0.3%～0.5%，或者占处理的污水质量总量的1%～2%；如果污水进行深度处理，污泥产生量将可能增加0.5～1.0倍。

2.1 制约污泥产生量的因素

一座城市生活污水处理厂在一定的污水处理规模下，由于水质和采用的处理工艺不同、处理程度的差异、泥龄大小、运行管理水平高低等都可能造成污泥产生量的不同，可见污泥产生量受到诸多因素制约，现分别阐述如下。

2.1.1 污水进/出水的水质

污水进水水质（指污水中溶解性有机物和悬浮固体浓度，即污水中COD和BOD浓度）和净化后排出水的水质之差是标志污水净化处理程度，净化处理程度越高，污泥产生量也就越少，可见生活污水的进水水质及其处理程度是影响污泥产生量的主要因素。

2.1.2 污水处理工艺及运行状况

生活污水处理工艺类型不仅决定污水净化效果，也决定污水净化过程的污泥产生量以及污泥处理方式。可是不同污水处理工艺类型的选择依据和处理效果是不同的。

（1）城镇生活污水处理工艺类型选择依据及其处理效果

城镇生活污水处理工艺类型的选用必须综合考虑、优化选择，其选择依据主要有如下几个方面。

1）生活污水处理规模

生活污水二级处理工艺主要是生物法，其目的是大幅度去除污水中呈胶体和溶解态有机物，至于采用何种工艺类型，则需根据生活污水处理规模，选用恰当的处理工艺类型：

①污水处理规模大于 20 万 t/d，则污水二级处理常选用常规活性污泥法，产生的污泥宜用厌氧消化工艺进行处理。

②污水处理规模 10 万～20 万 t/d，则污水二级处理可选用如下某一种工艺类型：常规活性污泥法/氧化沟法（连环反应活性污泥法）/SBR 法（序列活性污泥法）/AB 法（生物吸附氧化法）。

③污水处理规模小于 10 万 t/d，则污水二级处理可选用如下一种工艺类型：氧化沟法/SBR 法/AB 法/水解好氧法/生物滤池法。

2）受纳水体的环境功能

受纳水体计有水资源保护区、封闭或半封闭水体以及非水资源保护区等三种，不同受纳水体，城镇生活污水处理级别及其处理工艺是不同的，如果只是非水资源保护区的水体，采用一级沉淀法和二级生物法处理即可，否则必须进行三级深化处理，包括生物脱氮法和化学凝聚法，当然产生的污泥量也就不同。

3）通过技术经济全面比较，选择合适的污水处理工艺，这包括处理单位污水量的电耗、成本及其它投资；削减污水中单位污染物量的电耗、成本及其它投资。

（2）生活污水处理工艺类型

四川省县级以上城市生活污水处理厂计有 155 座，其中设市城市 60 座，县城 95 座，它们采用 A^2/O 工艺（厌氧/缺氧/好氧工艺）的有 29 座，污水处理规模 189.9 万 m^3/d；采用氧化沟工艺的有 52 座，污水处理规模 119.83 万 m^3/d；采用 CASS 工艺（循环式活性污泥法）的有 21 座，污水处理规模 52.75 万 m^3/d；采用 SBR 工艺（序批式活性污泥法）的有 16 座，污水处理规模 51.2 万 m^3/d；采用 BAF 工艺（曝气生物滤池）的有 17 座，污水处理规模 25.7 万 m^3/d；采用其它工艺的有 19 座，污水处理规模 51.1 万 m^3/d；采用 UNITANK 工艺（UNITANK——将生化池和沉淀池合二为一的技术）有 1 座，污水处理规模 5 万 m^3/d。现将四川省县级以上生活污水处理厂污水处理工艺及其规模列于表 2-1；我国城市生活污水处理厂污水处理工艺调查统计结果列于表 2-2。

表 2-1 四川省县级以上污水处理厂污水处理工艺及其规模

城市级别	处理工艺	污水厂座数	污水处理规模/（万 m^3/d）	工艺所占比例/%
设市城市（60 座）	A^2/O	15	161.9	25.0
	氧化沟	13	54.0	21.7
	CASS	7	26.0	11.7
	SBR	9	34.5	15.0
	BAF	5	19.0	8.3
	UNITANK	1	5.0	1.7
	其它工艺	10	45.2	16.7
县城（95 座）	A^2/O	14	28.0	14.74
	氧化沟	39	65.83	41.05
	CASS	14	26.75	14.74
	SBR	7	16.7	7.37
	BAF	12	6.7	12.63
	其它工艺	9	5.9	9.47

注：（1）设市城市包括省级市、地级市和县级市；

（2）统计数据截止日期 2010 年 5 月。

表 2-2 我国城市污水处理厂处理工艺调查统计

污水处理工艺	污水厂数/座	所占比例/%
常规活性污泥法	61	29.05
氧化沟	52	24.76
A^2/O	19	9.05
A/O*	22	10.48
AB	8	3.81
SBR	19	9.05
自然净化	21	10
其它	8	3.8

*A/O 指厌氧/好氧的单极治理污泥脱盐法。

本书为了利于四川同行的参考和引用，特将四川省60座设市城市的生活污水处理厂数量、工艺及处理规模列于表2-3；将四川省91座县城生活污水处理厂污水处理工艺及其处理规模列于表2-4。

表2-3 四川省60座设市城市的污水厂数量、工艺及规模

城市	数量	工艺	规模/（万 m^3/d）	城市	数量	工艺	规模/（万 m^3/d）
成都主城区	9	一厂 A/O/E 二厂～八厂 A^2/O 高新区 SBR	134	都江堰市	1	氧化沟	4
				彭州市	2	SBR，其它	6
自贡市	2	氧化沟	10	邛崃市	1	氧化沟	2
攀枝花市	5	CASS，BAF，传统活性污泥	9.4	崇州市	1	氧化沟	2
泸州市	2	UNITANK，CASS	9	广汉市	1	BAF	5
德阳市	2	氧化沟，改良型氧化沟	15	绵竹市	1	CASS	2.5
绵阳市	4	A/O/E，氧化沟	27.5	什邡市	1	SBR	3
广元市	1	CASS	5	江油市	1	传统活性污泥法	5
遂宁市	3	CASS（1），SBR（2）	13	峨眉市	2	其它	5
内江市	1	CASS	10	眉山市	1	BAF	4
乐山市	2	氧化沟，改良 SBR	8	资阳市	1	氧化沟	5
南充市	3	CASS，其它	15	西昌市	2	DE/BAF	6
宜宾市	2	A^2/O 等	17	阆中市	1	BAF	3
广安市	2	其它	5	华蓥山市	1	传统活性污泥法	1
达州市	1	其它	4	万源市	1	其它	2.5
巴中市	1	SBR	8	简阳市	1	氧化沟	2.5
雅安市	1	BAF	5				

注：绵阳市塔子坝污水厂一期采用氧化沟，二期采用 A/O/E+LIER-POOLK 工艺。

表 2-4 四川省 91 座县城生活污水处理厂处理工艺及其规模

县城		污水处理工艺	规模/（万 m^3/d）	县城		污水处理工艺	规模/（万 m^3/d）
成都市	温江区	氧化沟，SBR	6+8	南充市	蓬安县	BAF	1.5
	青白江区	氧化沟	10		营山县	改良型氧化沟	1.5
	龙泉驿区	SBR	2		仪陇县	氧化沟+厌氧池	1
	新都区	氧化沟，A^2/O	6+1.5		南部县	氧化沟	3.5
	金堂县	氧化沟	1.98		西充县	氧化沟	1
	郫县	其它	5	宜宾市	宜宾县	CASS	2
	大邑县	氧化沟	1.9		江安县	BAF	1
	新津县	SBR，活性污泥法	1+1		高 县	BFBR	0.3
	双流县	SBR	5		筠连县	氧化沟	0.5
	蒲江县	氧化沟	1		南溪县	CASS	1
自贡市	贡井区	BAF	1.5		长宁县	CASS	1.5
	富顺县	SBR	1.5		兴文县	SBR	1
	荣 县	BAF	1.5		珙 县	CASS+BAF	2
攀枝花	盐边县	改良型氧化沟	0.5	达州市	宣汉县	ICEAS	2.5
	米易县	氧化沟	1		大竹县	CASS	4
泸州市	纳溪区	CASS	0.75		渠县	A^2/O	3
	泸 县	SBR	1.2		开江县	CRBAL	4.5
	合江县	CASS	2	巴中市	南江县	一体化氧化沟	1
	叙永县	CASS	2		平昌县	BAF	2
	古蔺县	氧化沟	0.75		通江县	CASS	3
德阳	中江县	氧化沟	1.5	雅安市	名山县	氧化沟	0.5
绵阳市	安 县	A^2/O	0.7		天全县	BAF	0.8
	北川县	A^2/O	2.4		芦山县	改良型氧化沟	0.7
	三台县	CASS	2.5		宝兴县	A^2/O	0.3
	盐亭县	氧化沟	1.5		石棉县	氧化沟	1
	平武县	改良型 A^2/O	0.8	眉山市	彭山县	其它	2
	梓潼县	氧化沟	1.5		丹棱县	氧化沟	0.5
广元市	元坝区	BAF	1		青神县	氧化沟	1
	剑阁县	氧化沟	2		洪雅县	氧化沟	2
	青川县	氧化沟	0.5		仁寿县	BAF	3
	苍溪县	BAF	1	资阳市	安岳县	传统活性污泥法	2
	旺苍县	氧化沟	3		乐至县	氧化沟	1

县城		污水处理工艺	规模/（万 m^3/d）	县城		污水处理工艺	规模/（万 m^3/d）
遂宁市	大英县	CASS	2	乐山市	沐川县	氧化沟	0.5
	苍溪县	其它	0.5		犍为县	CASS+深度处理	1.5
	射洪县	传统活性污泥法	6		马边县	氧化沟	1
内江市	资中县	生物流化床	2	阿坝州	马尔康县	传统活性污泥法	1
	威远县	传统活性污泥法	2		九寨沟县	氧化沟	2
	隆昌县	其它	3		松潘县	BAF	1
乐山市	金口河区	氧化沟	0.5		小金县	氧化沟	0.3
	沙湾区	CASS	1.5		汶川县	氧化沟	1.2
	五通桥区	CASS+滤池	1		茂县	生物脱氮除磷	1.2
	夹江县	SBR	2	甘孜州	康定县	氧化沟	1
	峨边县	氧化沟+BAF	0.4		泸定县	微爆氧化	0.6
	井研县	氧化沟	1		稻城县	A/O	0.3

注：（1）凉山州冕宁县、会理县、米易县、德昌县、盐源县缺项；

（2）氧化沟也称循环曝气池，属改良的活性污泥法；

（3）附着微生物的载体处于流化床状态的工艺。

2.1.3 运行条件

一种污水处理工艺的运行条件（包括污水负荷率、溶解氧浓度及泥龄等）也是影响污泥产生量的重要因素，比如污水负荷率；任何一种污水处理工艺，只要污水高负荷率，污泥产生率也就高（见表 2-5）。至于泥龄长短，其必然影响污水中有机污染物的生物降解效果，也就影响污水净化过程的污泥产生量。

表 2-5 各种污水处理工艺的不同负荷率污泥产生率

	负荷率	A^2/O	氧化沟	MBR
污泥产生率/[kg（干）/m^3（污水）]	高负荷	0.203	0.146	0.106
	中负荷	0.163	0.114	0.089
	低负荷	0.122	0.081	0.065

2.1.4 管道系统

在城市基础设施建设中，如果做到排污管道与雨水疏通管道分开，达到雨污分流，则进水的有机污染物浓度高，污水净化过程单位时间的污泥产生量也就大。

但是，一座城市的管道系统未做到雨污分流，进水的有机污染物浓度低，则污水净化过程单位时间污泥产生率也低。

2.1.5 絮凝剂添加量

生活污水处理的混凝沉淀过程中，常加入絮凝剂，它是污水净化过程采用化学一级强化工艺（即加入絮凝剂），以促使污水处理过程产生的胶体加快凝聚沉淀，可见添加絮凝剂的种类和数量必然影响污泥产生量。现今城市生活污水处理厂常选用聚丙烯酰胺（PAM），它是架桥作用的有机合成物（即所谓“絮凝剂”），工程上一般较少用絮凝剂硫酸铝（MC）和生石灰。

2.2 市政污泥产生量计算方法

如上所述，影响市政污泥产生量的因素比较多，即使同一座生活污水处理厂采用同一污水净化工艺，但由于进水水质及运行条件波动，也可能造成不同时段污泥产生量不同，也就导致了市政污泥产生量计算方法的困难。目前，关于市政污泥产生量的计算方法可归纳为如下几种。

2.2.1 按单位污水处理量的污泥产生率进行计算

所谓“污泥产生率”，是指某一生活污水处理厂每天处理万吨（万立方米）污水所产生的污泥量（干基）；污泥产生率只是用来估算某地区污水处理厂远期污泥产生量的预测指标，其计算公式如下：

$$f = p \times (100 - c_{\mathrm{p}}) \div Q$$

式中，f——污泥产生率，t（干基）/万 t（污水）；

p——脱水污泥产生量，t（干基）/d；

c_{p}——脱水污泥含水率，%；

Q——污水每日实际处理量，万 t/d。

根据上述公式统计计算了四川省内主要城市生活污水处理厂 2013 年 1—12 月污泥产生率，其中宜宾、内江、德阳等三市生活污水净化处理的污泥产生率统计结果列于表 2-6、表 2-7、表 2-8，四川省 10 座污水处理厂 2013 年每月污泥产生率列于表 2-9。

表 2-6 宜宾北控污水处理厂 2013 年污泥产生率

月份	实际污水处理量/（万 t/d）	湿污泥产生量/（t/d）	湿污泥含水率/%	绝干污泥产生量/[t（干基）/d]	污泥产生率/[t（干基）/万 t（污水）]
1	3.946 1	26.55	78.67	5.663	1.435
2	3.954 3	24.94	78.53	5.355	1.354
3	4.120 1	20.83	78.92	4.391	1.066
4	4.945 7	19.41	78.57	4.160	0.876
5	5.078 7	34.14	78.14	7.463	1.469
6	4.961 8	25.28	78.60	5.410	1.090
7	4.306 6	31.08	78.96	6.539	1.518
8	4.657 8	29.20	79.01	6.129	1.316
9	4.573 1	15.91	78.90	3.357	0.734
10	4.505 7	33.81	78.96	7.114	1.579
11	4.257 3	33.56	79.11	7.011	1.647
12	4.016 4	30.29	79.32	6.264	1.560

注：（1）污水处理设计规模为 5 万 t/d；污水处理工艺：CASS；

（2）污泥产生率 2013 年平均为 1.304 t（干基）/万 t（污水）。

表 2-7 内江市生活污水处理厂 2013 年污泥产生率

月份	实际污水处理量/（万 t/d）	湿污泥产生量/（t/d）	湿污泥含水率/%	绝干污泥产生量/[（t（干基）/d）]	污泥产生率/[t（干基）/万 t（污水）]
1	3.857 4	26.92	74.5	5.519	1.431
2	3.649 5	22.69	79.0	4.765	1.306
3	2.942 1	22.86	78.7	4.869	1.655
4	4.621 5	29.77	78.5	6.401	1.385
5	5.105 1	32.89	78.6	7.038	1.379
6	5.505 6	33.12	78.7	7.055	1.281
7	5.037 8	32.65	78.6	6.987	1.387
8	6.315 1	34.10	78.7	7.263	1.150
9	6.651 0	34.20	78.6	7.319	1.100
10	5.997 8	31.68	78.4	6.843	1.141
11	7.093 2	37.10	78.3	8.051	1.135
12	7.172 2	37.10	78.3	8.051	1.22
平均值	—	—	—	—	1.29

注：该厂污水处理工艺为 CASS。

表 2-8 德阳市沙柳堰城市生活污水处理厂 2013 年污泥产生率

月份	实际污水处理量/（万 t/d）	湿污泥产生量/（t/d）	湿污泥含水率/%	绝干污泥产生量/[t（干基）/d]	污泥产生率/[t（干基）/万 t（污水）]
1	9.74	8.45	76	2.028	0.21
2	9.62	7.79	76	1.870	0.19
3	9.64	8.83	76	2.119	0.22
4	10.06	8.30	76	1.992	0.20
5	9.57	8.39	76	2.014	0.21
6	9.92	6.40	76	1.536	0.17
7	9.80	6.45	76	1.548	0.16
8	9.46	7.74	76	1.858	0.20
9	10.27	8.00	76	1.92	0.19
10	10.35	4.13	76	0.991	0.10
11	10.10	5.59	76	1.342	0.13
12	9.68	6.45	76	1.548	0.16
平均	9.85	7.21	76	1.73	0.18

注：（1）污水处理设计规模为 10 万 t/d；

（2）污水处理工艺为双沟式氧化沟。

表 2-9 四川省 10 个污水处理厂 2013 年每月污泥产生率平均值

单位：t（干基）/万 t（污水）

污水厂＼月份	1	2	3	4	5	6	7	8	9	10	11	12
成都合作污水处理厂	1.89	2.08	2.01	1.89	1.39	0.89	0.48	0.21	0.47	0.84	1.46	1.72
双流华阳污水处理厂	1.44	1.71	1.10	1.04	0.94	1.23	0.65	0.80	0.91	0.93	0.80	0.61
龙泉芦溪河污水处理厂	4.36	4.79	3.04	3.98	2.92	3.48	2.30	2.93	3.19	1.99	2.25	4.57
绵阳中科成污水处理厂	0.76	0.69	0.66	0.65	0.73	0.83	0.69	0.66	0.63	0.64	0.68	0.61
绵阳绵兴污水处理厂	2.49	2.04	2.76	3.10	2.81	2.47	0.00	2.61	0.00	0.00	0.00	4.76
内江污水处理厂	1.41	1.28	1.19	1.40	1.38	1.28	1.46	1.15	1.03	1.23	1.13	1.12
宜宾污水处理厂	1.42	1.34	1.07	0.83	1.42	1.08	1.53	1.36	0.74	1.59	1.67	1.60
达州污水处理厂	0.57	0.70	0.65	0.97	0.65	0.84	0.95	0.87	0.85	0.74	0.68	0.82
岳池银泰污水处理厂	1.42	1.74	1.55	1.53	1.66	1.55	3.03	1.56	1.74	1.50	1.35	1.11
阆中市金沙污水处理厂	3.15	5.36	7.54	5.09	4.55	3.79	4.42	3.90	3.89	4.35	4.72	4.18

四川省主要市、县生活污水处理厂 2013 年污泥产生率见表 2-10 及图 2-1。

表 2-10 四川省主要市、县生活污水处理厂污泥产生率

污水处理厂	污泥产生率/[t（干基）/万 t（污水）]	污水处理厂	污泥产生率/[t（干基）/万 t（污水）]
成都市一厂	0.846	绵阳市塔子坝	0.645
成都市二厂	1.031	达州市	0.733
成都市三厂	1.018	乐山市海天	0.751
成都市四厂	1.090	广安市兴亚	1.477
成都市五厂	2.062	雅安市	1.275
成都市高新区	0.138	简阳市	0.837
成都市新都区金海	0.728	眉山市（一期）	1.066
成都市龙泉驿区平安	0.740	攀枝花市炳草岗	0.946
成都市温江区科技园	1.60	攀枝花市大渡口	1.103
都江堰市	0.125	攀枝花市仁和	1.021
彭州市	1.017	西充县	2.390
邛崃市	1.62	岳池县	1.647
崇州市	0.130	平均值	1.033
金堂县	0.814		

据四川省主要市县污水处理厂不完全统计，2013 年每万吨生活污水净化处理后产生的干基污泥量最低为 0.125 t，最高为 2.390 t，平均为 1.033 t；成都市主城区生活污水处理厂污泥产生率平均值为 1.031 t（干基）/万 t（污水）。据上述不完全统计，四川省市政污泥产生率取值 1.033 t（干基）/万 t（污水）。全国 2009 年投入运行的 1 992 座生活污水处理厂污水处理量为 280 亿 m^3/a，污泥产生量 2 005 万 t/a（含水率 80%），据此算得每万立方米污水净化处理后污泥产生率为 1.43 t（干基）。另据估计 2013 年全国市政污泥产生率 1.04～1.64 t（干基）/万 m^3（污水），相当于含水率 80%的污泥产生率 5.2～8.2 t（干基）/万 m^3（污水）（引自徐文龙，2015）。

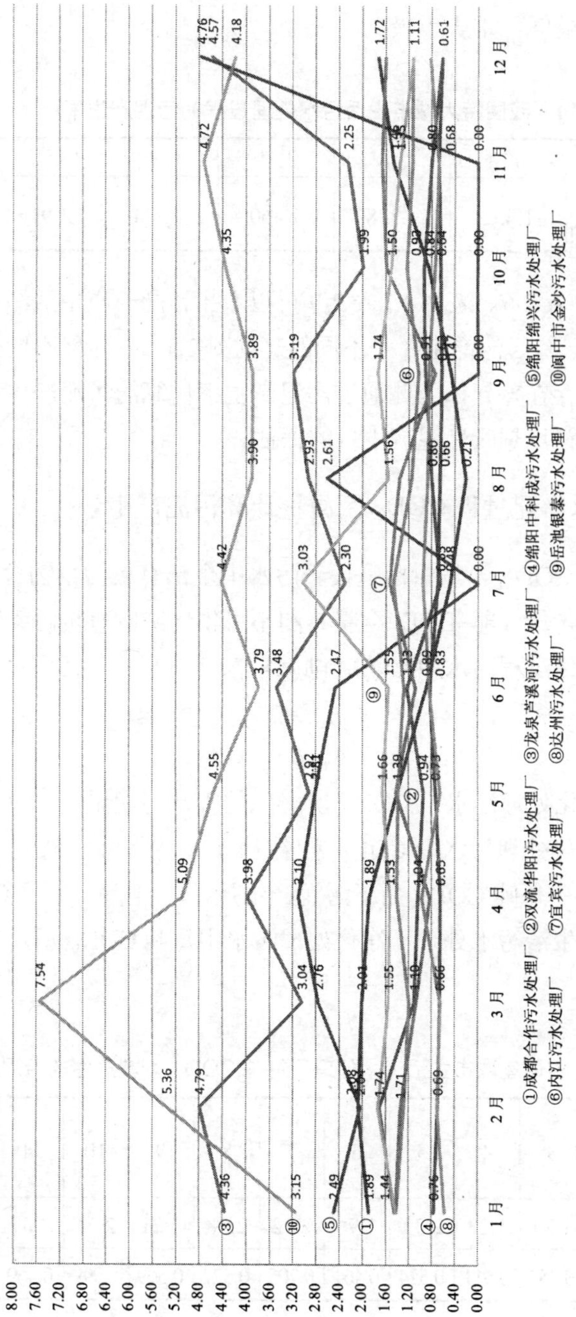

图 2-1 2013 年四川省 10 座污水处理厂污泥产生率均值

全国几座特大城市生活污水处理过程的污泥产生率列于表2-11。统计数据表明成都市污泥产生率最低，重庆市最高。

表2-11 我国特大城市生活污水处理过程的污泥产生率

城市	北京	上海	天津	广州	重庆	成都
污泥产生率/[t（干基）/万t（污水）]	1.452	1.348	1.460	1.384	1.916	1.03

此外，从表2-6、表2-7、表2-8、表2-9可以看出，同一座生活污水处理厂不同时间段（如月份），其污泥产生率是不同的（见图2-1）；显然不同生活污水处理厂的污泥产生率更存在差异，因此通过污泥产生率估算的污泥产生量，仅适于远期市政污泥处理处置规划时污泥产生量的评估。

2.2.2 根据生活污水净化过程COD_{Cr}削减量计算污泥产生量

城镇生活污水中COD_{Cr}含量指标是代表污水中全部有机污染物含量，包括可生化降解有机污染物含量（即 BOD 含量）和不可生化降解有机污染物含量，因此可利用生活污水净化过程污水中COD_{Cr}削减量来计算相应的污泥产生量，其计算公式如下：

$$w_s = \Delta x \cdot k$$

式中，w_s——每日净化处理污水中COD_{Cr}所产生的干基污泥量，t（干基）/d；

Δx——每日净化处理污水中COD_{Cr}总量，t/d；

k——处理污水中每吨COD_{Cr}后干污泥产生量，t（干基）/t（COD）。

四川省两座城市生活污水处理厂净化处理污水中每吨COD_{Cr}所产生的污泥量列于表2-12。

表2-12 四川省两座城市生活污水处理厂每吨COD_{Cr}削减产生的污泥量

城市＼月份	1	2	3	4	5	6	7	8	9	10	11	12	平均值
宜宾	2.04	1.58	1.34	1.23	2.33	1.98	2.72	2.38	1.21	2.94	2.67	2.23	2.05
内江	0.393	0.482	0.352	0.511	0.524	0.461	0.705	0.527	0.569	0.999	0.469	0.441	0.536

2.2.3 根据污水处理工艺及运行条件计算污泥产生量

（1）生活污水一级处理（即预处理）的污泥产生量计算，计算公式如下：

$$\Delta x_1 = \partial \cdot Q \cdot (\mathrm{SS_i} - \mathrm{SS_o})$$

式中，Δx_1——预处理工艺的污泥产生量；

Q——设计日平均污水流量，m^3/d；

SS_i——初沉池进水悬浮固体质量浓度，kg/m^3；

SS_o——初沉池出水悬浮固体质量浓度，kg/m^3；

∂——系数，量纲为 1。不同工艺段取值不同，如：

- 初沉池$\partial = 0.8 \sim 1.0$（排泥时间间隔较长取下限）；
- AB 法 A 段$\partial = 1.0 \sim 1.2$
- 水解工艺$\partial = 0.5 \sim 0.8$
- 深度处理工艺，据投药量不同，∂取值 1.5～2.0。

（2）初沉池污泥量计算

这也是生活污水一级预处理工艺的污泥产生量计算公式之一，其计算公式如下：

$$V_1 = S \cdot \sum_{i=1}^{n}(h_{fi} - h_{ai}) - Q \cdot t_i$$

式中，V_1——初沉池每日排泥量，m^3/d；

S——初沉池截面积，m^2；

n——每日排泥次数，$n = \dfrac{24}{T}$，T 为排泥周期，h；

h_{fi}——集泥池中初沉池排泥前泥位，m；

h_{ai}——集泥池中初沉池排泥后泥位，m；

Q——初沉池排泥期间，集泥池（浓缩池）提升泵流量，m^3/h；

t_i——初沉池排泥时间，h。

（3）生活污水二级处理工艺的剩余活性污泥产生量计算

生活污水二级处理工艺有带预处理的活性污泥法和不带预处理的活性污泥法，二者处理工艺产生的污泥计算方法如下。

1）带预处理活性污泥法处理的剩余污泥产生量计算

计算公式：

$$\Delta x_2 = \frac{aQL_r - bx_v v}{f}$$

式中，Δx_2——剩余污泥产生量，kg/d；

a——污泥产生率系数（a = MLVSS/BOD_5），MLVSS 指混合液中挥发性悬浮固体；a = 0.5～0.65，取值大小取决于泥龄，泥龄长取小值，泥龄短取大值；

b——污泥自身氧化率，b = 0.05～0.1，泥龄长取大值；泥龄短取小值；

Q——设计日平均污水流量，m^3/d；

L_r——有机污染物（BOD_5）降解量，kg/m^3；

$$L_r = L_a - L_e$$

L_a——曝气池（生物反应池）进水 BOD_5 浓度，kg/m^3；

L_e——曝气池出水 BOD_5 浓度，kg/m^3；

x_v——MLVSS 浓度，kg/m^3；

v——曝气池容积，m^3；

f——MLVSS/MLSS，MLVSS 指混合液中挥发性悬浮固体，MLSS 混合液中悬浮固体。对于生活污水，f = 0.5～0.75。

2）不带预处理活性污泥法处理的剩余污泥产生量计算

有两种公式供选用：

① $\Delta x_3 = yQ(S_o - S_e) - k_d v x_v + f_1 Q(SS_o - SS_e)$

② $\Delta x_3 = \dfrac{[yQ(S_o - S_e) - k_d v x_v]}{f} + f_1 Q(SS_o - SS_e)$

两式中，Δx_3——剩余活性污泥产生量，kg/d；

y——污泥产生率系数，y = VSS/BOD_5，20℃时，y = 0.3～0.6，VSS 指挥发性悬浮固体；

S_o——曝气池（生物反应池）内进水 BOD_5 浓度，kg/m^3；

S_e——曝气池内出水 BOD_5 浓度，kg/m^3；

k_d——衰减系数（相当于污泥自身氧化系数，取值 0.05～0.1）d^{-1}；

v——曝气池容积，m^3；

x_v——曝气池内 MLVSS 平均浓度，kg/m^3；

f——MLVSS/MLSS，f取值 0.5～0.75；

f_1——悬浮固体（VSS）的污泥转化率；f_1 = MLSS/SS，若无实验资料，f_1可取值 0.5～0.7；

Q——设计日平均污水流量，m^3/d。

SS_o——曝气池内进水悬浮物（VSS）浓度，kg/m^3。

SS_e——曝气池内出水悬浮物（VSS）浓度，kg/m^3。

3）剩余污泥连续排放量计算

如果污水二级处理过程剩余污泥连续排放，则活性污泥排放量可从排泥流量计上记录的流量，按下式计算：

$$V_s = Q \cdot T$$

式中，V_s——剩余污泥排放量，m^3/d;

Q——污泥流量计（提升泵）标识的流量，m^3/h;

T——排泥时间，h。

（4）消化工艺处理的污泥总产生量计算

这是指采用消化工艺对污泥进行减量化、稳定化处理过程污泥总产生量的计算，其计算公式如下：

$$W_2 = W_1 \cdot (1-\eta) \cdot (f_1 / f_2)$$

式中，W_2——消化工艺处理后污泥总量，kg/d;

W_1——带预处理的厌氧生化处理工艺产生的污泥总量，kg/d;

η——污泥中 MLVSS 降解率，%;

f_1——原污泥（进泥）中 MLVSS 含量，%;

f_2——消化降解后污泥中 MLVSS 含量，%。

$$\eta = \frac{q \cdot k}{0.35(w \cdot f_1)} \times 100\%$$

式中，q——实际沼气产生量，m^3/h;

k——沼气中甲烷量，%;

0.35——COD_{Cr}的甲烷转化系数；

w——厌氧消化池进泥量。

2.3 四川省城镇生活污水处理厂污泥产生量汇总

据《中国污泥处理处置市场报告（2011 年版）》分析，2010 年全国生活污水处理厂污泥产生量约 2 200 万 t（含水率 80%），到 2015 年将达 2 600 万 t（含水率 80%）。四川省城镇生活污水处理厂计有 155 座，现统计成都市 26 座和省内其它城市 62 座生活污水处理厂每天污泥产生量，并将统计数据分别列于表 2-13 和表 2-14。

表 2-13 列举成都市主城区除成都七厂外，8 座污水处理厂湿污泥每天产生量共计 418.74 t，含水率 77%～78%。成都市内城区各污水处理厂每天湿污泥产生量计有 203.62 t，含水率 79%。成都市外城区各污水处理厂每天湿污泥产生量计有 92.44 t。成都市市域各污水处理厂每天湿污泥产生量计有 667.44 t（含水率 80%）。

表 2-13　成都市 26 座城镇生活污水处理厂污泥产生量

污水处理厂	污水处理规模/（万 t/d）	污泥产生量/（t/d）	含水率/%	污水处理厂	污水处理规模/（万 t/d）	污泥产生量/（t/d）	含水率/%
成都一厂	40	141.4	77	龙泉平安	2	7.4	80
成都二厂	30	122.9	77	龙泉成龙	2	10.5	80
成都三厂	10	42.6	78	龙泉西河	1.98	4.0	80
成都四厂	10	38.9	78	青白江区	10	7.1	78
成都五厂	10	55.2	78	温江区	7	3.7	80
成都六厂	10	8.0	78	双流航空港	5	11.7	80
成都八厂	10	7.24	77	双流东升	2.5	11.3	76
成都高新区	4	2.5	78	双流华阳	2.0	11.5	73
都江堰市	6	25.2	80	郫县合作	7	64.86	79
彭州市	2.9	19.04	80	金堂县	8.4	7.5	78
邛崃市	4	16.8	80	大邑县	1.9	1.4	79
崇州市	4	16.8	80	新津县	3.3	10.9	78
新都金海	5	18.2	80	蒲江县	1.0	0.8	79

表 2-14 列举省内 62 座生活污水处理厂每天污泥产生量，总计 850.98 t/d（平均含水率 79.5%）。

表 2-14 四川省市、县 62 座城镇生活污水处理厂污泥产生量

污水处理厂	污水处理规模/（万 t/d）	湿污泥产生量/（t/d）	含水率/%	污水处理厂	污水处理规模/（万 t/d）	湿污泥产生量/（t/d）	含水率/%
绵阳市塔子坝	18.11	55.59	79	荣县污水厂	1.10	2.94	80
德阳市沙柳堰	10.67	7.81	76	隆昌县污水厂	3.0	12.6	80
内江市污水厂	5.42	31.34	79	富顺县污水厂	1.50	1.65	80
宜宾市北控	4.46	29.57	79	卢县污水厂	0.60	3.42	80
达州市污水厂	4.65	13.12	73	南江县污水厂	2.0	8.4	80
泸州市污水厂	5.94	37.37	80	叙永县污水厂	2.0	8.4	80
自贡市污水厂	1.80	4.79	80	古蔺县污水厂	0.64	2.89	80
南充市污水厂	11.51	37.82	79	安县污水厂	0.45	2.27	79
遂宁市污水厂	5.64	7.16	78	旺苍县污水厂	0.30	1.85	80
乐山市污水厂	5.20	11.69	79	剑阁县污水厂	5.90	3.97	81
五通桥区污水厂	1.0	6.15	80	岳池县污水厂	1.38	8.68	80
广安市污水厂	3.50	13.79	80	大英县污水厂	1.11	3.25	80
资阳市污水厂	5.00	20.22	79	威远县污水厂	1.60	10.27	81
雅安市污水厂	2.20	10.60	78	安岳县污水厂	2.0	8.4	80
巴中市污水厂	4.00	20.22	80	夹江县污水厂	2.0	3.37	80
广元市污水厂	13.20	55.44	80	乐至县污水厂	2.0	8.4	80
眉山市污水厂	5.34	28.55	80	南部县污水厂	2.0	8.22	80
西昌市	18.97	79.67	80	西充县污水厂	2.48	29.62	80
攀枝花市污水厂	5.38	24.30	75	武胜县污水厂	2.0	8.4	80
什邡市污水厂	3.00	12.6	80	宜宾县污水厂	2.0	9.31	80
绵竹市污水厂	3.00	12.6	80	高县污水厂	0.28	1.17	80
简阳市污水厂	2.89	12.08	80	江安县污水厂	0.83	5.10	82
江油市污水厂	5.00	21.0	80	开江县污水厂	2.0	8.4	80
阆中市污水厂	2.14	26.26	79	南江县污水厂	0.36	1.15	80
华蓥山市污水厂	1.00	4.16	80	平昌县污水厂	0.80	3.01	70
三台县污水厂	3.00	12.6	80	万源县污水厂	2.5	10.5	80
中江县污水厂	3.00	12.6	80	仁寿县污水厂	2.5	11.91	80
苍溪县污水厂	3.5	14.7	80	彭山县污水厂	0.89	6.00	80
蓬溪县污水厂	2.5	10.5	80	马尔康县污水厂	0.20	0.62	80
宣汉县污水厂	2.0	8.4	80	康定县污水厂	0.60	0.84	80
金堂县污水厂	1.83	7.50	80	总计		850.98	79.5
资中县污水厂	1.65	5.77	80				

从表 2-13 和表 2-14 的不完全统计可见，四川省 88 座城镇生活污水处理厂每天产生的污泥量（含水率 78%～80%）达 1 518.42 t。全国在 2011 年 9 月底污泥产生量已突破 9.534 万 t/d（含水率 80%）。这些市政污泥既是二次污染源，又是可再生利用的资源，必须着力开发利用。

2.4 市政污泥产生量规模等级的划分

目前科技界对于市政污泥产生量规划等级的划分并无定见，本书试将市政污泥产生量规模分成四级：特大型、大型、中型、小型，各级污泥产生量规模指标列于表 2-15。

表 2-15 市政污泥产生量规模等级划分

规模等级	干基污泥量/（t/d）	湿污泥量（含水率 80%）/（t/d）
特大型	＞60	＞300
大　型	20～60	100～300
中　型	10～20	50～100
小　型	＜10	＜50

四川省 88 座城镇污水处理厂污泥产生量按上述规模等级指标划分，除成都一厂、二厂属于大型外，绝大多数为小型，现将统计结果列于表 2-16。

表 2-16 四川省 88 座污水处理厂污泥产生量规模等级比例

规模等级	湿基污泥量/（t/d）	污水处理厂数量/座	所占比例/%
特大型	＞300	—	—
大　型	100～300	2	2.3
中　型	50～100	5	5.7
小　型	＜50	81	92.0

从表 2-16 可见，四川省城镇污水处理厂的污泥产生量绝大多数为小型规模；根据四川省实际情况，试将小型等级进一步细分 5 个等级，以便于省内开展市政污泥处理处置规划时参考，详见表 2-17。从表 2-17 可见四川省城市生活污水处理厂产生的污泥量主要为 5～20 t/d（含水率 80%），所占比例达 67.04%。

表 2-17 四川省市政污泥小型规模等级细分

小型规模细分/（t/d）	污水处理厂数量/座	所占比例/%
50～20	14	15.91
20～10	24	27.27
10～5	22	25.00
5～2	13	14.77
＜2	8	9.09

3 市政污泥的特性

城镇生活污水处理厂排出的污泥具有特殊的性质，它是以亲水性有机物微粒为主的呈胶状结构的悬浊液，是一个复杂的、不均匀的分散体系，其中90%是由亲水性超胶体颗粒和大颗粒的凝聚体组成的，因此具高含水率，且脱水难，同时含有高含量的有机质和植物所需的氮、磷等组分，但又常含病原菌和寄生虫卵以及重金属和有机污染物等有毒有害污染物，所含易降解有机物又容易腐败发臭。市政污泥的特性包括污泥含水率、脱水性能、化学成分和热值；市政污泥的这些特性是污泥处理处置和再生利用决策的重要依据，只有把握市政污泥性质的指标，方可选择实用有效的处理工艺及其设备选型，也才能正确把握污泥处置技术和再生利用的资源化目标。

3.1 市政污泥的含水率

污泥含水率是指污泥中水含量的百分数，也可以说是单位重量的污泥所含水分的质量分数。污泥含水率与污水处理工艺以及污泥成分和非溶解性颗粒大小有关。

污泥含水率是制约污泥处理处置工艺技术选择的关键；污泥脱水是污泥“四化”（减容化、稳定化、无害化和资源化）的首要环节，是污泥减容、减量的首要手段。

3.1.1 不同污水处理工艺的各种污泥含水率

市政污泥含水率特别高，而且污水处理工艺不同以及污泥产生位置的差异，它的含水率也不相同，详见表3-1。

表 3-1 不同污水处理工艺的各种污泥含水率　　单位：%

污水处理工艺	污泥名称	浓缩污泥含水率
好氧消化法	剩余活性污泥	97.5～99.25
	空气曝气污泥	98～99
	纯氧曝气污泥	96～98
厌氧消化法	初沉污泥	92～98
	剩余活性污泥	97.5～99.9
	混合污泥	93～97.5
生物滴滤法	快速污泥	97
	慢速污泥	93

注：（1）由格栅池和沉砂池拦截和沉淀的栅渣及泥沙直接外运。

（2）由初沉池沉淀析出的是污水中原来含有的悬浮固体，称初沉污泥。

（3）由二沉池沉淀析出的是污水中的胶体和溶解性有机污染物经微生物代谢降解的产物，称“剩余活性污泥”，或称“二沉污泥”。

（4）混合污泥是污水处理厂浓缩后外排的由初沉污泥和剩余活性污泥相混合的污泥。

3.1.2 不同含水率的污泥状态

市政污泥含水率不同，它的存在状态也不相同，详见表 3-2。

表 3-2 市政污泥不同含水率的存在状态

污泥含水率/%	污泥存在状态
＞90	几乎为液体（悬浊液）状态
80～90	呈粥状
70～80	呈半固体状（柔软状）
60～70	几乎为固体
30～40	半干化聚散状态
10～15	粉末状态

3.1.3 污泥不同含水率的相对密度

市政污泥的相对密度取决于污泥中有机物质和无机物质的比例，二者比例不同，污泥的相对密度也不同，一般有机物质的密度为 1.0 g/cm^3，无机物质的密度为 2.5 g/cm³。对于含水率为 90%的污泥中，其固体物质 2/3 由有机物组成，1/3 由无机物组成，由于污泥含水率不同，其中固体稀释程度便不同，污泥的相对密度也就不相同，详见表 3-3。

表 3-3 市政污泥不同含水率下的相对密度

污泥含水率/%	70	80	90	95	98	99
污泥不同含水率的相对密度	1.057	1.037	1.018	1.009	1.004	1.002

3.1.4 市政污泥不同含水率的体积差异

市政污泥含水率不同，其污泥体积差异甚大，当污泥含水率高而呈流态状时，污泥体积与其含固量基本上成反比关系，二者之间的关系可用下式表示：

$$V_1/V_2 = P_{S2}/P_{S1} = (100 - P_{W2})/(100 - P_{W1})$$

式中，V_1——含水率为 P_{W1} 或含固率为 P_{S1} 时的污泥体积，cm³；

V_2——含水率为 P_{W2} 或含固率为 P_{S2} 时的污泥体积，cm³；

P_{S1}——污泥含水率为 P_{W1} 时对应的含固率，%；

P_{S2}——污泥含水率为 P_{W2} 时对应的含固率，%。

例如：

（1）市政污泥含水率从 95%浓缩后降到 85%，则浓缩后污泥的体积减少到原污泥体积的 1/3。

（2）市政污泥含水率从 95%浓缩后降到 65%，则浓缩后污泥的体积减少到只有原污泥体积的 1/7。

上述说明市政污泥体积对其含水率变化都非常敏感，说明污泥的浓缩、脱水是减少污泥体积的至关重要手段，是污泥减容化（减量化）的重要环节，是减少后续处理处置压力的重要措施，对污泥进一步处理处置影响很大。

3.2 市政污泥的脱水性能

所谓“污泥脱水”，是指流态状的污泥脱除其水分，转化为半固态或固态污泥的过程。城镇生活污水处理厂排出污泥都要经过浓缩、脱水，而污泥浓缩、脱水能力取决于污泥脱水性能，污泥脱水性能又与污泥中水分的存在形式、污泥的比阻值及压缩系数等特性密切相关。不同性质的污泥，其脱水性能差别很大，脱水的难易程度也大不相同。

3.2.1 污泥中水分的存在形式

市政污泥中所含水分按其存在形式可分为自由水和结合水两大类，其中结合水又可分为间隙水、毛细结合水、表面吸附（黏附）水以及细胞内部水等四种亚类。污泥中各种水分的结合力强度取决于单位水化合力和颗粒的大小，而污泥结构中含细小絮体或胶体颗粒越多，污泥脱水越难。下面简单介绍污泥中各种水分的脱水性能。

（1）自由水

市政污泥中自由水是指不直接与污泥结合，也不受污泥颗粒影响的水分，它仅占整个污泥水分的10%左右，这部分水可通过沉淀、浓缩去除。

（2）结合水

市政污泥中结合水是指与污泥直接结合的水，它占整个污泥水分的90%左右，是污泥机械脱水的对象，它包括间隙水（孔隙水）、毛细结合水、表面吸附水和细胞内部水。

1）间隙水（孔隙水）

这是指存在于污泥中絮体或胶体颗粒空隙之间的那一部分水，它与颗粒之间不直接结合，与污泥颗粒的结合力较弱，一旦存在条件变化（如絮体破坏），这部分水可变成自由水。市政污泥中的这类水分约占整个污泥水分的65%，较易分离，可用机械脱水手段将其分离出来。

2）毛细结合水

这是指存在于污泥颗粒毛细管（毛细孔）中的那部分水，包括充满固体颗粒之间或固体裂隙中的水分，它呈结合紧密的多层水分子，与污泥颗粒结合力较强，这部分水约占污泥整个水分的15%，要分离这部分水，必须采用与毛细水表面张力合力相反方向的力量，如离心机的离心力、真空过滤机的负压力、电渗力或者热渗力方可去除。工程上采用机械脱水或热处理干化等强化技术手段去除毛细水。

3）表面吸附水

这是指黏附在污泥中的小颗粒（尤其胶体颗粒）表面的那部分水，由于胶体颗粒比表面积大，在表面张力作用下能吸附较多水分，这类水分约占污泥整个水分的7%，去除较难，需采用加热法去除。

4）细胞内部水

细胞内部水也称水合水，它是存在于微生物细胞内的那部分水，去除它相当难，使用机械脱水方法难以奏效，必须设法破坏微生物细胞膜，将其转变为外部水，方可使用机械脱水技术将其去除。破坏细胞膜的方法有高温加热或冷冻等技术，亦可通过生物分解手段（如好氧发酵或厌氧消化）予以去除。细胞内部水约占污泥整个水分的 3%。

（3）小结

市政污泥中水分存在形式及其所占比例可简单表示如下：

污泥中水分
- 自由水，约占 10%
- 结合水约占 90%
  - A. 间隙水，约占 65%
  - B. 毛细水，约占 15%
  - C. 吸附水，约占 7%
  - D. 细胞内部水，约占 3%

3.2.2 市政污泥的比阻值和压缩系数

市政污泥的脱水性能通常用污泥的比阻值和压缩系数来衡量。

（1）污泥比阻值（γ）

污泥比阻值是反映水分通过污泥颗粒形成泥饼时所受阻力的大小，即单位重量的污泥在一定压力下过滤时，单位过滤面上的阻力，其计算公式为：

$$\gamma = \frac{2PA^2b}{\mu W}$$

式中，γ——污泥比阻值，m/kg；

P——过滤压力（滤饼上、下表面间压力差），Pa；

A——过滤面积，m^2；

b——污泥性质系数，s/m^6；

μ——滤液动力黏度，Pa；

W——压滤所产生滤饼干质量，kg/m^3。

不同类型的市政污泥之比阻值是不同的，其脱水性能也就不同，一般而言污泥比阻值越大，表明其越难脱水，通常认为$\gamma < 1\times10^{11}$m/kg 的污泥易于脱水；而$\gamma > 1\times10^{13}$m/kg 的污泥则难以脱水。现将不同类型污泥的比阻值列于表 3-4。从

表 3-4 中可以看出各类污泥比阻值均大于 1×10^{13}m/kg，表明它们脱水都比较难。

表 3-4 不同类型污泥的比阻值

污泥类型	初沉污泥	剩余活性污泥	消化不好污泥
γ/（m/kg）	（20～60）$\times10^{12}$	（100～300）$\times10^{12}$	（40～80）$\times10^{12}$

市政污泥是有机污泥，它由亲水性、带负电荷的胶体颗粒组成，颗粒细小，且大小极不均匀，挥发性固体含量高，因此比阻值较大，脱水性能较差，尤其剩余活性污泥，其颗粒由平均粒径小于 0.1 μm 胶体颗粒和 10～100 μm 超胶体颗粒以及由胶体聚集而成的大颗粒等组成，因此其比阻值相对较大（见表 3-4），也就是说它脱水相对较难，在机械脱水前必须对它进行调理（如热水解），以降低其比阻值，便于脱水。我国 12 个城市 29 座生活污水处理厂统计表明，生活污水处理过程产生的污泥，其中颗粒粒径一般小于 25 μm，容重 0.79 g/cm^3。

（2）污泥压缩系数（S）

污泥压缩系数是指过滤压力和比阻值在双对数线坐标上的直线斜率，其计算公式如下：

$$S=\ln(\gamma_2/\gamma_1)\times(\ln P_2/P_1)$$

式中，S——污泥的压缩系数；

γ_1——过滤压力为 P_1 时的比阻值，m/kg；

γ_2——过滤压力为 P_2 时的比阻值，m/kg。

市政污泥的压缩系数可用来评价污泥压滤脱水的性能，通常压缩系数大的污泥，宜采用负压过滤（真空过滤）或者离心脱水；压缩系数小的污泥，宜采用板框压滤或带式压滤脱水。

（3）各类市政污泥的比阻值和压缩系数

现将各类市政污泥的比阻值和压缩系数列于表 3-5。

表 3-5 各类市政污泥的比阻值和压缩系数

污泥类型	比阻值/（m/kg）	压缩系数	压力/（10^5Pa）
初沉污泥	4.7×10^6	0.54	0.5
剩余活性污泥	2.88×10^{11}	—	0.5
混合污泥	1.42×10^{10}	—	0.5

3.3 市政污泥的化学成分

市政污泥的化学成分包括挥发性固体、植物营养成分、重金属元素及热值。

3.3.1 市政污泥中的挥发性固体

挥发性固体——挥发性有机物是指 600℃时污泥中能被热解，并以气体逸出的那部分固体，它是市政污泥最重要的化学组成，通常在初沉污泥中的含量比例为 50%～70%，剩余活性污泥中为 60%～85%，而厌氧消化后的污泥中仅为 30%～50%。

3.3.2 植物营养成分

市政污泥中含有大量有机质、氮、磷以及钙、镁、铁、钼、硼等植物必需的营养成分，而且氮、磷以有机态为主，其中有机质含量占干基质量的 50%左右，一般在 44%～59%，有的高达 65%～70%，这使市政污泥具备了制肥料和作为燃料的物源。

不过市政污泥的化学成分取决于不同地区的生活水平、生活习惯以及产出季节，一般而言，经济发达地区的市政污泥中有机质含量较高，而经济欠发达地区的市政污泥中有机质含量较低。此外，市政污泥中磷含量往往南方地区高于北方地区。

（1）生活污水处理厂不同阶段排出的污泥中，植物营养成分的差异

市政污泥中的植物营养成分除了取决于污水水质，还与污水处理工艺有一定关系，污水处理不同阶段产生的不同种类污泥，其植物营养成分是有所不同的，详见表 3-6。

表 3-6 污水处理不同阶段产出污泥的主要化学成分 单位：%

污泥种类	全氮	P_2O_5	K_2O	有机质	灰分
初沉污泥	2.0～3.4	1.0～3.0	0.1～0.3	50～60	50～40
剩余活性污泥	3.3～7.7	0.78～4.3	0.22～0.44	60～70	40～30
消化污泥	1.6～3.4	0.6～0.8	—	25～30	75～70

（2）国内市政污泥中植物营养成分

据不完全统计，全国21座城镇生活污水处理厂污泥中植物营养成分含量变化比较大，其平均含量均超过国家堆肥所需的养分标准，详见表3-7。

表3-7 国内21个污水处理厂污泥中植物营养成分统计

单位：%（干基）

成分	有机质	N	P	K	Ca	Mg
含量范围	9.20～62.0	0.78～7.0	0.13～5.13	0.23～1.78	1.0～4.0	0.4～0.8
平均值	37.18	3.03	1.52	0.69	—	—

注：N+P+K＝5.22%（平均值）。

此外，广州市部分生活污水处理厂污泥中的化学成分列于表3-8。

表3-8 广州市部分生活污水处理厂污泥化学成分

单位：%

成分	有机质	N	P	K	SiO_2	Al_2O_3	Fe_2O_3	CaO	MgO	K_2O	Na_2O	P_2O_5	S
开发区污水厂	56.9	5.41	3.32	1.46	7.08	3.39	2.93	1.52	1.1	1.75	1.25	7.61	0.34
大坦沙污水厂	42.39	4.67	2.13	1.74	21.45	8.89	3.57	2.42	0.96	2.09	1.46	4.88	0.25

（3）四川省主要城镇生活污水处理厂污泥中植物营养成分

本书作者调研四川省29座主要城镇生活污水处理厂污泥中有机质、氮、磷、钾及部分微量营养元素含量，测试结果表明四川省城镇生活污水处理厂污泥中含有大量有机质和氮、磷、钾以及植物所必需的微量元素钼、硼、硒，而且氮、磷、钾以有效态为主，说明市政污泥中氮、磷、钾可缓慢释放，具长效性；但是四川省地域广阔，不同地域和不同民族的生活习惯差异大，社会经济发展水平也不同，因此省内不同地区生活污水处理厂污泥中植物营养成分含量变化相当大，详见表3-9。

四川省市政污泥中有机质含量和pH变化较少（变异系数＜0.2），其中pH介于5.51～6.92，有机质含量大多数介于44.14%～57.80%。表3-9列出四川省市政污泥中有机质平均含量达49.27%，全氮3.93%，全磷1.38%，全钾1.02%，从肥料三要素评价四川省市政污泥的肥效，均超过国家行业标准NY 525—2002规定的“有机肥料的技术指标”，而且市政污泥中氮、磷、钾有效态含量较高，表明可缓慢释放，且具有长效性，因此市政污泥是一种有价值的有机肥源，因此只要市政污泥中重金属含量不超过农用污染限量标准时，完全可以生产很有农用价值的有机肥料或土壤改良剂，应该说市政污泥土地利用是适合我国国情的处置方法，它不仅可以提供植物养分，提高土壤肥力，而且可以明显改善土壤的团粒结构，使土壤孔隙度增加，土壤的通气率、透水性和持水量提高，还可以提高土壤中微生物的活性。但是如果市政污泥中重金属含量超标，则由于污泥中的重金属易在土壤和植物体内积累，于是也就限制市政污泥的土地利用。

3.3.3 市政污泥中重金属元素含量、化学态及其活性控制

一般而言，城镇生活污水中重金属元素含量较低，但如果城市污水收集管网中混入工业废水，那么城镇生活污水中重金属含量就可能较高，可以说城镇生活污水中的重金属超标主要来自工业废水，其中镉主要来自电镀废水、铬来自皮革废水、汞主要来自塑料行业废水、铅主要来自冶炼废水、锌主要来自镀锌管道行业的废水等；这些重金属元素大部分（50%～80%）经生活污水处理各工序后被污泥中细菌吸收、胶粒表面吸附以及无机盐共沉淀而集中于污泥中，污泥成了污水中污染物的“收容所”。

这里要着重指出的是：市政污泥中的重金属种类、含量和化学态将直接影响污泥最终处置的工艺技术路线选择，因此开展研究“重金属在市政污泥中的种类、含量和化学态等特征及其在农业环境中的迁移转化行为、生态效应和调控措施”，不仅十分必要，而且意义重大。

（1）市政污泥中的重金属种类及含量

市政污泥中有害的重金属元素是指砷、镉、汞、铅等五毒重金属元素；而铜、锌、镍是生物必需的元素，是生物体代谢过程不可缺少的元素，如铜适量则在植物内参与植物细胞内进行的生化过程，参与生长激素合成，促进植物生长以及生物体内碳水化合物、蛋白质、脂肪的合成与代谢。但是若铜过量则毒性较强，抑制植物对微量营养元素的吸收，锌、镍也具有相同效应，适量有益，过量有害，也就是说当铜、锌、镍含量超过人体所需阈值时，也属于有害重金属之列，这里所谓微量元素“阈值”，是指微量元素含量为生物所能适应的临界浓度值，即生物生存和正常生长发育的最适浓度范围。

表 3-9 四川省市政污泥中植物营养成分及其有效态含量

厂 名	N	P	K	水解氮	速效磷	缓效钾	速效钾	有机质	pH	Mo（10^{-6}）	B（10^{-6}）	Se（10^{-6}）
成都污水一厂	4.33	0.077	0.78	0.30	0.077	0.029 8	0.16	51.69	5.62	7.00	136	3.45
成都污水一厂	4.12	0.068 5	0.86	0.28	0.068 5	0.031 6	0.17	50.06	5.83	6.19	111	3.59
成都污水二厂	4.74	0.350 6	1.28	0.26	0.350 6	0.083 8	0.58	50.60	5.71	5.79	144	2.42
成都污水二厂	4.71	0.342 5	1.30	0.30	0.342 5	0.070 9	0.61	50.76	5.51	5.97	112	2.75
成都污水五厂	4.18	0.016 8	0.82	0.31	0.016 8	0.035 8	0.35	48.41	6.50	5.45	115	2.81
成都污水六厂	4.15	0.013 6	0.84	0.26	0.013 6	0.056 8	0.33	46.74	6.49	5.29	96	2.89
成都高新区污水厂	3.58	2.87	0.90	0.42	0.128 5	0.083 4	0.36	51.50	5.98	8.85	188	3.15
都江堰污水厂	2.06	0.028	1.42	0.19	0.028	0.072 7	0.09	25.28	6.92	3.22	120	4.12
彭州市污水厂	5.43	2.23	1.04	0.52	0.336 5	0.053 2	0.56	59.69	5.69	6.19	123	3.90
温江污水厂	3.89	1.31	1.16	0.39	0.050 5	0.037	0.051	45.34	6.71	4.60	206	7.17
龙泉驿污水厂	3.60	2.42	0.65	0.37	0.010 9	0.008	0.18	45.33	6.36	6.82	136	4.21
双流东升污水厂	3.49	2.08	1.24	0.39	0.138 2	0.044 4	0.31	44.98	5.91	5.79	246	3.49
双流东升污水厂	3.50	2.08	1.23	0.41	0.140 6	0.036 2	0.32	45.75	5.97	4.87	242	3.55
双流华阳污水厂	4.71	2.33	1.21	0.58	0.434 9	0.058 2	0.45	57.70	6.00	6.87	231	2.37
双流华阳污水厂	4.76	2.24	1.12	0.55	0.391 5	0.047 8	0.43	56.44	5.68	6.85	222	2.65
郫县污水厂	4.28	3.03	0.92	0.43	0.053 6	0.058 8	0.30	49.78	6.56	9.17	215	3.96
郫县污水厂	3.76	3.12	0.90	0.40	0.050 0	0.048 4	0.33	44.29	6.75	11.1	196	4.00
金堂污水厂	2.46	1.13	1.58	0.25	0.010 03	0.059 4	0.22	27.12	6.27	4.35	155	2.68
绵阳永兴污水厂	2.89	0.118 3	1.20	0.20	0.118 3	0.023 8	0.20	30.88	6.28	4.66	142	3.64

厂 名	N	P	K	水解氮	速效磷	缓效钾	速效钾	有机质	pH	Mo（10^{-6}）	B（10^{-6}）	Se（10^{-6}）
绵阳塔子坝污水厂	3.308	1.09	1.366	0.30	0.062 3	0.191 1	0.20	62.70	6.36	6.25	53.0	2.11
绵阳塔子坝污水厂	3.265	1.131	1.425	0.17	0.080 5	0.209	0.22	61.94	6.31	6.30	52.0	2.17
德阳芦溪河污水厂	2.29	1.68	0.61	0.29	0.003 1	0.027 3	0.21	36.98	6.81	11.3	177	1.29
德阳绵延河污水厂	3.29	1.54	0.915	0.33	0.064 4	0.033 4	0.18	44.14	6.40	8.36	257	4.85
德阳绵延河污水厂	3.26	1.51	0.92	0.40	0.071 7	0.024 2	0.19	44.41	6.63	7.65	238	4.90
南充污水厂	3.53	2.30	1.45	0.49	0.485 6	0.030 4	0.60	48.88	5.66	7.23	190	2.43
遂宁污水厂	3.04	1.61	1.00	0.39	0.033 6	0.042 4	0.39	59.31	5.93	5.09	202	1.33
达州污水厂	4.22	0.170 5	1.02	0.44	0.170 5	0.036 6	0.38	57.44	6.16	3.41	68.0	1.03
雅安污水厂	2.83	1.39	1.01	0.38	0.038 5	0.033	0.10	56.74	6.17	5.05	191	0.93
泸州污水厂	4.62	0.123 5	0.87	0.34	0.123 5	0.030 8	0.33	49.2	6.06	5.06	119	2.43
宜宾北控污水厂	4.86	0.301 5	1.03	0.36	0.301 5	0.036 5	0.39	57.80	6.14	3.90	107	2.24
宜宾北控污水厂	4.79	0.303 8	1.02	0.38	0.303 8	0.049 4	0.37	53.70	6.19	5.66	108	2.41
眉山污水厂	4.00	1.41	0.36	0.42	0.036 3	0.025 8	0.11	58.69	5.95	7.21	229	1.94
攀枝花市炳草岗污水厂	5.40	2.09	0.92	0.51	0.344 3	0.052 6	0.51	65.33	5.63	3.31	138	1.75
广安污水厂	4.85	1.31	1.214	0.25	0.233 1	0.013 8	0.23	54.85	5.83	4.01	123	1.79
广安污水厂	3.23	1.23	1.36	0.30	0.18	0.088	0.26	38.8	5.91	2.69	85.0	2.17
广安一水	3.89	1.13	1.30	0.35	0.15	0.078	0.25	42.31	5.66	2.86	74.3	1.65
邻水污水厂	3.77	1.52	1.09	0.24	0.14	0.097	0.32	41.8	6.19	3.07	77.0	1.98
武胜污水厂	3.79	2.55	1.13	0.30	0.21	0.181	0.49	43.2	6.14	3.19	97.0	3.44
乐山污水厂	5.38	2.30	1.35	0.52	0.364 9	0.047 4	0.36	58.15	5.82	5.28	74.0	1.37
简阳污水厂	4.04	2.88	0.91	0.41	0.148 5	0.035 4	0.34	48.97	5.69	6.59	194	1.59

厂　名	N	P	K	水解氮	速效磷	缓效钾	速效钾	有机质	pH	Mo （10^{-6}）	B （10^{-6}）	Se（10^{-6}）
阆中污水厂	3.53	1.36	0.47	0.40	0.012 6	0.043 7	0.013	47.56	6.26	6.63	96.0	0.77
最低值	2.06	0.013 6	0.61	0.17	0.003 1	0.013 8	0.013	25.28	5.51	3.07	52.0	0.93
最高值	5.43	3.12	1.58	0.58	0.485 6	0.209	0.61	65.33	6.92	11.3	257	4.90
平均值	3.96	1.38	1.02	0.37	0.159 2	0.041 3	0.30	49.27	6.12	6.14	161	2.85

注：（1）有机质 N、P、K 及其有效态含量单位为%，微量元素含量单位为 mg/kg；pH 是一个量纲一的值。

（2）N、P、K 有效态含量所占比例：水解氮占 9.34%，速效磷占 11.13%，速效钾占 29.4%，缓效钾占 4.05%。

（3）成都市主城区 N、P、K 及有机质平均值分别为 3.96%、1.38%、1.02%、49.27%。Mo、B、Se 平均值分别为 6.14 mg/kg、161.34 mg/kg、2.85 mg/kg。

（4）四川省除成都市主城区污水厂外，其它 28 座污水厂 N、P、K 均值分别为 3.88%、1.59%、1.04%，有机质均值达 49.10%；Mo、B、Se 均值分别为 6.04 mg/kg、169.46 mg/kg、2.81 mg/kg。

（5）检测单位：国土资源部成都矿产资源监督检测中心。

我国地域辽阔，不同地域的社会经济发展水平不同，人们生活习惯存在差异，市政污泥的成分也可能存在差别，即使同一城市不同生活污水处理厂的污泥中重金属含量也可能不同，这可以从表 3-10、表 3-11 所列我国城镇生活污水处理厂污泥中重金属成分及其含量，表 3-12 国内几个城市生活污水处理厂污泥中重金属成分及其含量，表 3-13 成都市中心城区几个生活污水处理厂污泥中重金属含量等体现出来。

表 3-10 我国 140 个城镇生活污水处理厂污泥中重金属含量

单位：mg/kg（干基）

元　素	As	Cd	Cr	Hg	Pb	Cu	Zn	Ni
最小值	0.78	0.01	20	0.04	3.6	51	217	16.4
最大值	269	999	6 365	17.5	1 022	9 592	30 098	6 206
平均值	20.2	2.01	93.1	2.13	72.3	219	1 058	48.7

注：表中统计数据是周海斌 2006 年统计资料，见《中国环境科学学会 2013 年论文集》第 5127-5130 页。

表 3-11 全国主要生活污水处理厂污泥中重金属含量

单位：mg/kg

元　素	As	Cd	Cr	Hg	Pb	Cu	Zn	Ni
最低值	0.23	0.05	2.8	0.01	1.6	48.4	94.6	10.4
最高值	57.50	19.70	629.0	12.4	727.0	3 195.0	8 327.0	389.0
平均值	19.1	2.27	165.0	2.34	79.8	236.0	1163.0	128.5

注：李文博归纳统计结果。

表 3-12 我国几个城市生活污水处理厂污泥中重金属含量

单位：mg/kg（干基）

元　素	As	Cd	Cr	Hg	Pb	Cu	Zn	Ni
上海曲阳污水厂	5.68	0.85	15.77	1.22	9.95	350	3 740	39.8
上海金山石污水厂	7.5	2.4	249	2.50	371	193	8 352	53.0
上海北郊污水厂	33.4	2.52	21.9	1.25	108	158	2 467	44.6
广州大坦沙污水厂	57.12	2.56	1550	1.96	120	1225	3 394	693.1
杭州四堡污水厂	12.95	3.55	537.2	1.86	135.5	367.1	4 205	467.6
西安污水厂	23.8	1.3	1423	2.37	374	605.8	2 803	266.0
太原古交污水厂	9.18	0.05	49.1	0.61	42.3	28.4	261.2	32.9
太原北郊污水厂	15.5	0.65	271.1	6.43	49.8	222.6	1 525	33.4
太原殷家堡污水厂	23.3	4.30	1411	6.40	53.3	3 068	1 423	297.1

表 3-13 成都市中心城区生活污水厂污泥中重金属含量

单位：mg/kg（干基）

元素	As	Cd	Cr	Hg	Pb	Cu	Zn	Ni
一厂	7.36	2.68	86.54	22.05	55.27	154.89	682.38	25.33
二厂	3.05	5.09	82.28	6.2	71.73	332.5	582.5	26.9
三厂	4.56	2.85	110.5	5.8	43.65	164.2	403.65	12.65
四厂	2.17	3.79	72.23	8.63	47.17	137.78	592.5	9.53
高新区	12.7	21.8	157	3.95	104	89.4	763.0	44.6
平均值	5.97	7.24	101.71	9.33	64.36	175.75	604.81	23.80

注：高新西区生活污水处理厂有电子工业、制药工业等废水排入生活污水管网。

从表 3-10 和表 3-11 所列重金属含量平均值基本能代表国内市政污泥中重金属含量的平均水平，但各种重金属含量最大值与最小值相差甚大，以全国 140 座生活污水处理厂为例，污泥中砷大小相差 345 倍，镉 99 900 倍，铬 318 倍，汞 438 倍，铅 284 倍，铜 188 倍，锌 139 倍，镍 378 倍，这表明生活污水收集管网中混入工业废水，表 3-13 数据表明同一地区不同生活污水处理厂污泥中各种重金属含量最大值与最小值相差也较大，以成都市中心城区几座生活污水处理厂为例，污泥中砷大小相差 5.85 倍，镉 8.13 倍，铬 2.17 倍，汞 5.58 倍，铅 2.38 倍，铜 3.7 倍，锌 1.89 倍，镍 4.68 倍。这说明城市社会经济发展水平以及居民的生活习惯对市政污泥中重金属含量水平具有较大的影响；当然生活污水处理工艺的不同也有相当重要的影响。个别含量特高，显然与工业废水排入有关。

本书作者采集了四川省 29 个城市 38 座主要生活污水处理厂排出的污泥，分析测试污泥中 8 种重金属全量及其化学态含量水平，分析测试结果列于表 3-14。

表 3-14 四川省 29 个城市 38 座生活污水处理厂污泥中 8 种重金属含量

单位：mg/kg（干基）

污水厂编序号	As	Cd	Cr	Hg	Pb	Cu	Zn	Ni
1	8.52	1.44	73.1	3.44	36.0	137	476	27.2
2	8.31	1.45	84.7	3.54	31.4	117	450	24.4
3	11.6	1.30	82.0	3.33	28.2	152	474	31.9
4	12.0	1.20	84.5	2.46	28.3	150	473	32.5
5	17.4	5.01	82.4	1.70	27.2	109	407	32.4
6	15.9	2.77	90.0	1.70	31.1	103	394	31.7

污水厂编序号	As	Cd	Cr	Hg	Pb	Cu	Zn	Ni
7	9.74	0.39	119	2.72	55.5	245	2 000	80.8
8	5.86	2.51	84.3	1.85	31.3	69.1	448	32.6
9	10.4	2.92	136	3.25	64.4	98.0	602	37.4
10	11.7	2.63	118	3.61	69.7	274	1 000	43.3
11	14.5	0.83	71.8	1.94	35.1	76.1	490	36.9
12	7.96	1.15	79.7	1.53	27.1	182	710	123
13	8.33	1.24	87.2	1.72	35.1	199	730	134
14	10.4	1.80	775	2.97	40.0	87.2	500	28.0
15	12.4	1.64	725	3.46	36.6	83.0	490	24.4
16	9.07	1.29	242	3.52	27.0	173	330	22.8
17	9.12	1.46	218	3.45	25.3	157	360	20.2
18	18.5	5.15	217	2.86	70.1	78.9	47 700	37.3
19	14.4	3.03	131	2.55	51.1	908	1 059	101
20	19.8	3.04	128	2.72	50.1	885	1 036	98.5
21	12.7	1.84	115	1.68	51.9	137	440	36.8
22	9.54	5.77	84.2	2.72	57.8	130	780	31.2
23	9.19	5.83	94.1	3.07	57.8	129	780	31.4
24	17.5	0.50	670	0.77	51.0	1 002	950	554
25	10.9	1.23	66.9	1.56	32.2	90.0	2 100	35.8
26	11.6	1.19	50.1	1.87	30.5	225	810	18.9
27	15.0	0.87	40.9	1.71	29.5	111	1 000	21.5
28	5.81	1.02	44.7	2.60	28.8	69.9	376	19.6
29	7.50	0.82	64.5	2.53	27.9	133	305	19.5
30	11.5	1.11	68.4	1.97	36.9	83.6	322	18.5
31	5.81	1.02	44.7	2.60	28.8	69.9	376	19.6
32	20.6	1.35	47.2	2.23	52.4	84.3	367	22.4
33	10.3	2.24	62.9	2.78	45.7	108	434	27.3
34	12.5	2.30	91.8	2.48	50.0	114	428	29.0
35	7.15	2.25	60.4	2.34	48.4	426	411	44.7
36	11.7	1.22	68.7	2.00	72.2	104	360	32.5
37	11.2	1.51	63.3	1.68	42.2	93.5	1 000	24.0
38	7.22	1.26	57.2	4.20	53.2	121	770	20.4
最低值	5.81	0.39	40.9	0.77	25.3	69.1	305	18.5
最高值	20.6	5.83	775	4.20	72.2	1 002	47 700	554
平均值	11.41	1.99	142.73	2.50	42.28	197.75	9 898.37	52.83
成都市主城区平均值	11.9	1.94	87.96	2.70	33.96	144.71	445.7	37.3

污水厂编序号		As	Cd	Cr	Hg	Pb	Cu	Zn	Ni
农用标准限值	A级	≤30	≤3	≤500	≤3	≤300	≤500	≤1 500	≤100
	B级	≤75	≤15	≤1 000	≤15	≤1 000	≤1 500	≤3 000	≤200
土壤改良剂标准限值		≤75/≤75	≤5/≤20	≤600/≤1 000	≤5/≤16	≤300/≤1 000	≤800/≤1 500	≤2 000/≤ 4000	≤100/≤200
有机肥料标准限值		≤15	≤3	≤150	≤2	≤50	—	—	—

注：（1）农用标准限值 A 级是指污泥中重金属元素含量小于或等于该标准限值，则该污泥处理产物制作的有机肥或有机复（泥）肥可施用于粮食作物、蔬菜以及油料作物、果树、饲料作物及纤维作物；B 级污泥处理产物制作的有机肥或有机复混肥只能施用于除粮食作物和蔬菜以外的油料作物、果树、饲料作物等。

（2）土壤改良剂标准限值是指污泥中重金属元素含量低于土壤改良剂标准限值，则该污泥处理产物制作的肥料仅可用于盐碱地、沙化地以及废弃矿场土壤的改良，使之恢复种植的功能。表中分子数据适用于酸性土壤（pH<6.5），分母数据适用于中性或碱性土壤（pH≥6.5）。

（3）检测单位：国土资源部成都矿产资源监督检测中心。

李文博在成都中心城区、龙泉驿区、双流县、温江区、郫县、金堂县、德阳市等地生活污水处理厂取 8 个脱水污泥样品，又在双流和温江两地蚯蚓养殖处理市政污泥实验区各取一件污泥样品，他把这 10 件样品在成都理工大学地球化学分析测试实验室进行检验分析 8 个重金属元素含量，并进行污泥中 8 个重金属元素相关性分析，其成果分别列于表 3-15 和表 3-16。

表 3-15 成都及其周边地区市政污泥中重金属含量

单位：mg/kg（干基）

重金属元素	As	Cd	Cr	Hg	Pb	Cu	Zn	Ni
最低值	5.86	0.83	71.77	1.21	26.16	69.13	343.68	21.5
最高值	27.6	5.8	750.4	3.49	185.8	856.23	46 780.0	128.5
平均值	13.04	2.48	195.84	2.33	59.38	196.11	1 259.1	149.4
变异系数	0.51	0.69	1.05	0.41	0.8	1.2	2.67	0.78

表 3-16 市政污泥中重金属元素相关性统计

	As	Cd	Cr	Hg	Pb	Cu	Zn	Ni	pH
As	1								
Cd	0.209	1							
Cr	0.098	−0.076	1						
Hg	−0.388	0.135	0.349	1					

	As	Cd	Cr	Hg	Pb	Cu	Zn	Ni	pH
Pb	0.544	0.132	−0.065	−0.504	1				
Cu	0.746	0.063	−0.025	−0.405	0.231	1			
Zn	0.382	0.490	−0.203	−0.441	0.667	0.207	1		
Ni	0.375	−0.093	−0.191	−0.554	0.035	0.655	0.419	1	
pH	0.261	0.349	−0.342	−0.812	0.293	0.294	0.593	0.558	1
Org	0.111	0.034	0.105	0.078	0.272	0.411	0.039	0.142	−0.16

表3-14数据显示四川省内参与统计29个城市38座生活污水处理厂污泥中重金属含量最大值与最小值差异很大，其中污泥中砷含量最大值与最小值差值达3.55倍、镉达14.95倍、铬达18.95倍、汞达5.45倍、铬达2.85倍、铜达14.5倍、锌达156.39倍、镍达29.95倍，这与不同城市社会经济发展水平差异及生活污水处理工艺差异等有关外，更重要的是生活污水收集管网可能混入工业废水造成的，如龙泉驿污水处理厂污泥中镉和铅含量较高，锌含量特别高，这可能与该区电镀行业排出的污水混入有关。铜、铅、砷含量偏高往往与洗涤剂、干洗剂及化妆品生产废水混入有关。不过除龙泉驿区有一座污水处理厂污泥中锌含量严重超标外，省内所列生活污水处理厂污泥中重金属含量均达到B级农用标准限值。应着重提出的是，市政污泥中任一重金属含量超过土地利用的标准限值，污泥的处理产物就不能进行土地利用。

（2）市政污泥及其处理产物中的重金属化学态及其生物有效性

市政污泥中重金属总量是不能准确反映重金属的潜在环境影响，而它们在污泥及其处理产物中的化学态含量才是直接影响其生物有效性（也称“生物可给性”）的重要指标，因此要评估污泥及其处理产物土地利用时的重金属污染风险，不仅要分析测定它们在污泥及其处理产物中的全量，更重要的是测定任一重金属的各种化学态含量，这比用重金属全量指标评估它们的生物有效性更为准确、真实，才能正确把握污泥土地利用的环境风险。

1）市政污泥中重金属的化学态

重金属中化学态分析采用多级顺序提取技术，合理使用一系列选择性试剂，按照由弱到强原则，连续溶解样品中重金属，1979年Tessier提出五步提取法将重金属在标品中化学态分成五种形态，即“可交换态”“碳酸盐结合态”“铁锰氧化物结合态”“有机结合态”及“残余态”。为规范重金属化学态分析，中国地质调查局制定了分析技术要求（DD2005-003）把土壤及沉积物中重金属元素分为七种形态：以水为提取剂提取的为“水溶态”；以氯化镁为提取剂提取的为“离子交换态”；以醋酸—醋酸钠为提取剂提取的为“碳酸盐结合态”；以焦磷酸钠为提取剂提取的为“弱有机（腐殖酸）结合态”；以盐酸羟胺为提取剂提取的为“铁锰氧化物结合态”；以过氧化氢为提取剂提取的为“强有机结合态”；以氢氟酸为提取剂提取的为“残渣态”。市政污泥中重金属的化学态一般分析水溶态、离子交换态、碳酸盐结合态、铁锰氧化物结合态及残渣态等五种存在形式，本书尚分析腐殖酸结合态和强有机结合态。四川省市政污泥中重金属各种化学态的最低值、最高值及平均含量列于表 3-17。

表 3-17 四川省市政污泥中重金属化学态含量 单位：mg/kg

化学态＼重金属		As	Cd	Cr	Hg	Pb	Cu	Zn	Ni
水溶态	最低值	0.10	0.003	0.08	0.001	0.028	2.22	0.23	2.96
	最高值	0.75	0.019	6.15	0.004	0.19	45.5	251.0	145.0
	平均值	0.31	0.01	1.73	0.002	0.085	21.36	17.83	18.2
离子交换态	最低值	0.038	0.005	0.16	0.001	0.17	0.48	0.085	0.80
	最高值	0.23	1.16	1.52	0.004	0.91	43.3	232.0	50.9
	平均值	0.11	0.02	0.54	0.001 3	0.33	3.98	28.5	4.68
碳酸盐结合态	最低值	0.046	0.01	0.41	0.001	0.29	0.48	0.10	0.47
	最高值	0.93	0.35	55.8	0.003	1.48	65.5	1 401.0	59.6
	平均值	0.18	0.17	4.31	0.001 6	0.90	4.75	154.96	5.0
腐殖酸结合态	最低值	0.73	0.027	2.35	0.008	0.97	1.57	1.71	0.41
	最高值	4.48	0.58	41.0	0.046	23.3	78.2	1 392.0	18.3
	平均值	1.99	0.11	14.65	0.015	3.77	6.37	141.53	1.96
铁锰氧化物结合态	最低值	0.35	0.054	0.78	0.002	2.11	9.19	0.54	0.77
	最高值	1.33	1.29	89.5	0.005	14.0	569.0	18 418.0	91.0
	平均值	0.87	0.38	19.4	0.003	3.18	29.44	971.84	8.90
强有机结合态	最低值	0.12	0.045	1.93	0.002	1.33	8.33	0.21	0.93
	最高值	3.63	2.38	69.9	0.013	3.92	208.0	14 381.0	39.6
	平均值	0.19	0.54	13.1	0.005	2.13	32.57	720.28	5.09
残渣态	最低值	2.76	0.033	29.1	0.73	13.0	16.4	3.52	6.42
	最高值	77.71	0.61	359	3.17	49.2	101.0	2 740.0	44.5
	平均值	5.57	0.30	96.02	2.29	23.21	39.67	197.73	12.79

市政污泥中重金属元素 As、Cr、Hg、Pb 的化学态分布以残渣态为主，生物

可利用性很低，而 Cd、Cu、Zn、Ni 的生物有效性相对较高。

市政污泥中重金属各种化学态分析测定时所用提取剂是不同的，其化学态稳定性也不一样，如：

①重金属水溶态以水为提取剂提取：不稳定。

②重金属离子交换态以 MgCl 为提取剂提取：不稳定。

③重金属碳酸盐结合态以醋酸－醋酸钠为提取剂提取：不太稳定。

④重金属铁锰氧化物结合态以盐酸羟胺为提取剂提取：不太稳定。

⑤重金属强有机结合态以过氧化氢（H_2O_2）为提取剂提取：较稳定。

⑥重金属残渣态以氢氟酸为提取剂提取：稳定。

从分析测试污泥中重金属化学态含量所用的提取剂，便可知重金属在化学态中结合力的强度和提取难易，也就可分辨其生物有效性高低。

2）污泥中重金属不同化学态的生物有效性

污泥中重金属的生物有效性与其化学态密切相关，重金属的不同化学态，其生物有效性将大不相同。

①水溶态

污泥中呈水溶态的重金属使用水为溶剂，便可将其提取出来，呈水溶态的重金属离子是被吸附在污泥颗粒物表面，是一种弱极性键的结合，如果把市政污泥处理产物制成肥料或土壤改良剂施入土壤中，则其中的水溶态重金属迁移性最大，易被植物吸收——生物有效性最大，毒性最强，也是污泥二次污染潜力最大的化学态，因此即使污泥中该重金属总量虽达标，但它的水溶态含量在污泥中所占比例大，也应引起足够重视。不过市政污泥中呈水溶态的重金属量通常很低。

②离子交换态

污泥中呈离子交换态的重金属离子是被污泥胶体表面非专性吸附，可被植物根部吸收，是生物有效性较高的结合态，也是植物较易吸收的一种化学态，如果它在污泥所占比例较高，也是评估污泥二次污染的重要指标。此外呈腐殖质螯合态的重金属，其生物有效性与离子交换态相近，但腐殖质的不同组分螯合重金属的能力并不相同，其中胡敏素螯合大部分重金属，其次胡敏酸，而富里酸中重金属含量较少。

③碳酸盐结合态和铁锰氧化物结合态

碳酸盐结合态的重金属离子是指与污泥中碳酸盐颗粒结合呈碳酸盐沉淀，是非专性吸附，可被植物根部分泌的酸性物溶解释出，即对环境酸性化敏感。铁锰氧化物结合态是指重金属离子被污泥中铁锰结核或凝聚物专性交换位置所吸附，属专性吸附，只能被亲和力相似或更强的金属离子置换而析离出来，才能被植物吸收。污泥中这两种化学态的重金属，其生物有效性大大降低，因为它们较难被析离出来，只有当土壤酸化，则易析出而被植物吸收，这在评估污泥二次污染危险时，是次要的指标。这两种化学态的重金属（Zn、Cd、Cu）在污泥及其产物所占比例较大（见表 3-17）。

④强有机结合态

重金属离子与污泥中有机质活性基团产生络合/螯合反应，是通过化学键形式的一种专性吸附，形成难溶沉淀，是较难释放迁移，稳定性仅次于残渣态，它进入土壤呈惰性，迁移小，植物难吸收，不是评估土壤二次污泥的重要指标。

⑤残渣态

污泥中呈残渣态的重金属离子进入污泥的硅铝酸盐矿物晶格中，难以释放，表明其生物有效性极低，它进入土壤呈惰性，迁移性小，植物难吸收，不是评估污泥二次污染的指标。一般而言，呈残渣态的重金属在污泥及其处理产物中所占比例往往是最大的（见表 3-13）。

3）市政污泥中重金属元素不同化学态所占比例

各种重金属的不同化学态在市政污泥中所占比例是不同的，详见表 3-18。

表 3-18 市政污泥中重金属元素不同化学态所占比例

单位：%

重金属元素		As	Cd	Cr	Hg	Pb	Cu	Zn	Ni
水溶态	最小值	0.2	1.69	0.3	0.13	0.1	3.0	0.7	10.5
	最大值	6.6	0.30	2.2	0.12	0.5	21.1	4.8	49.6
	平均值	3.3	0.65	1.0	0.09	0.3	10.7	2.0	31.7
离子交换态	最小值	0.2	2.82	0.2	0.13	0.5	0.6	0.2	2.8
	最大值	2.0	18.16	0.7	0.012	1.5	5.3	1.9	11.4
	平均值	1.2	1.31	0.4	0.06	1.1	1.4	1.0	6.8
碳酸盐结合态	最小值	0.3	5.65	0.5	0.13	1.9	0.8	3.6	3.1
	最大值	3.1	5.48	10.1	0.09	5.6	2.1	51.5	13.3
	平均值	3.0	11.11	1.9	0.07	3.0	1.8	23.6	6.1
腐殖酸结合态	最小值	0.5	15.25	4.7	1.08	2.8	2.0	3.5	2.5
	最大值	19.8	9.08	17.3	1.37	18.7	6.1	23.5	4.8
	平均值	10.2	7.19	9.2	0.65	11.8	3.9	17.2	3.4

重金属元素		As	Cd	Cr	Hg	Pb	Cu	Zn	Ni
铁锰氧化物结合态	最小值	2.5	30.51	2.1	0.26	3.9	15.9	18.1	4.3
	最大值	19.8	20.16	22.8	0.15	13.8	31.2	47.7	23.8
	平均值	10.2	24.84	8.8	0.13	10.0	26.0	27.2	9.5
强有机结合态	最小值	0.1	25.42	4.8	0.26	3.5	13.6	6.2	4.8
	最大值	3.2	37.25	33.0	3.89	10.1	41.8	37.2	14.5
	平均值	2.1	35.29	10.9	0.22	7.1	23.4	12.7	8.4
残渣态	最小值	47.0	18.15	32.3	98.25	55.0	12.5	7.1	10.0
	最大值	80.1	9.15	85.5	94.29	84.2	58.6	24.1	49.7
	平均值	58.8	19.61	67.9	98.8	66.8	32.9	16.3	34.0

由表 3-18 可以看出汞绝大部分以残渣态存在，占 98%以上，表明污泥堆肥产品中汞是稳定的。

雷鸣（2007）等在“土壤重金属化学形态的生物可利用性评价”中，将上述七种化学态归纳为生物可利用态（水溶态、离子交换态）、生物潜在可利用态（碳酸盐结合态、腐殖酸结合态、铁锰氧化物结合态及强有机结合态）以及不可利用态（残渣态）。现按雷鸣分类而将四川省市政污泥中重金属元素生物可利用性所占比例列于表 3-19。

表 3-19 四川省市政污泥中重金属元素生物可利用性占比

单位：%

元素	生物可利用态	生物潜在可利用态	不可利用态
As	3.65	29.53	66.83
Cd	2.92	76.44	20.64
Cr	1.23	29.72	69.05
Hg	0.16	0.95	98.89
Pb	1.01	28.57	70.42
Cu	9.94	57.73	32.33
Zn	2.78	82.61	14.61
Ni	32.84	33.33	33.83

从表 3-19 可见四川省市政污泥中砷、铬、汞、铅等生物不可利用态的含量均

占66%以上，施入土壤主要处于惰性状态，植物难以吸收利用。镉、铜及锌的生物潜在可利用态占总体一半以上，它们进入土壤后将处于准稳定状态，一旦环境条件变化，将被解吸而被植物吸收，尽管它们在市政污泥中生物可利用态含量比较低，也不应考虑其土地利用的可能性。镍在市政污泥中的生物可利用态和生物潜在可利用态含量各占化学态总体含量的1/3，也具生态风险性。由上述可见研究市政污泥中重金属化学态具有重要意义，因为同种重金属的不同化学态具有不同的生物毒性和不同的迁移、转化及富集规律，只有充分认识同种重金属不同化学态的含量以及它们之间的内在联系和迁移规律，才能有意识地控制它向低毒或无毒方向演变，减少危害。因此在污泥成分监测中，除测定重金属含量，还应分析化学态含量，这样才能正确确定污泥的再生利用方式。

3.4 污泥的热值

污泥热值是污泥焚烧处理最重要参数之一，所谓污泥热值，是指单位质量的干化污泥完全燃烧时产生的热量，它是用自动氧弹热量计（简称自动量热仪）测定的。分为高位热值（HHV）和低位热值（LHV）两种，其中高位热值是指干化污泥完全燃烧时，不扣除其中水分汽化吸收热量所放出的热量；而低位热值是扣除干污泥中水分汽化吸收热量后放出的热量。这里所谓“污泥的热值”是专指其低位热值，单位是MJ/kg（兆焦/千克）。

3.4.1 不同种类市政污泥的热值

市政污泥的种类有初沉污泥、剩余活性污泥及混合污泥，它们之间的热值是不相同的，详见表3-20。我国城镇生活污水处理厂污泥干基热值一般为5.0～18.0 MJ/kg。而发达国家（如欧盟、日本等）市政污泥的热值为16～21 MJ/kg。

表3-20 不同种类污泥的热值（以干污泥计）

污泥种类	热值/[MJ/kg（干基）]
初沉污泥	10.72[即2 560.43 kcal/kg（干基）]
剩余活性污泥	13.30[即3 176.65 kcal/kg（干基）]
混合污泥	14.90[即3 358.82 kcal/kg（干基）]

3.4.2 市政污泥含水率与热值的关系

市政污泥的热值不仅取决于污泥的有机质含量，而且也与市政污泥含水率密切相关，污泥中水分也是影响污泥热值的重要因素，污泥含水率不同，其热值也不一样，详见表 3-21。

表 3-21 市政污泥含水率与热值对应关系

污泥含水率/%	80	70	60	55	50	40	30	20	10	干基
热值/（kJ/kg）	552.7	2 053.6	3 354.6	4 305.1	5 055.6	6 556.5	8 057.5	9 558.5	11 059.5	12 560

注：（1）表中所列热值为低位热值，单位：kJ/kg。若改为 kcal/kg，则按 1cal = 4.186 8 J 换算。
（2）标准煤热值为 29 900 kJ/kg。

据研究，物料低位热值小于 3 360 kJ/kg 是不宜燃烧的，等于 3 360 kJ/kg 仅基本可燃，只有物料低位热值大于（等于）4 217 kJ/kg 时方确保可燃，而市政污泥含水率达 55%时低位热值达 4 305.1 kJ/kg，表明市政污泥通过脱水，使其含水率低于（等于）55%，作为燃料的潜力是不可低估的。

根据污泥焚烧试验，干态污泥在物理性质、元素分析和工业分析等方面的资料都表明与褐煤较相似，可作低档燃料使用。

3.4.3 我国市政污泥的低位热值

据全国 12 个城市 29 座生活污水处理厂统计结果，混合污泥低位热值为 11～16 MJ/kg（干基），平均为 14.654 MJ/kg，其中浙江省混合污泥低位热值为 12.87 MJ/kg（干基），南京市混合污泥低位热值为 14.92 MJ/kg（干基）。以 1kg 标准煤热值为 29.308 MJ 计，表明混合污泥热值（干基）仅相当于标准煤热值的一半左右。

3.4.4 成都市主城区生活污水处理厂污泥的热值

成都市主城区 4 座生活污水处理厂污泥的燃料组成和热值列于表 3-22。

表 3-22 成都市中心城区生活污水处理厂污泥的燃料组成及热值

厂名		一厂	二厂	三厂	四厂	四厂加权平均值
水分/%	范围	1.49～6.35	2.54～7.72	1.82～5.81	1.87～14.50	3.72
	平均值	3.39	4.19	3.35	4.69	
挥发分/%	范围	43.55～47.20	44.61～47.18	37.04～40.51	41.34～45.85	44.61
	平均值	46.20	46.19	38.54	43.43	
固定碳/%	范围	6.07～7.29	6.03～7.20	4.38～5.71	2.15～4.28	5.96
	平均值	6.65	6.50	5.02	3.57	
灰分/%	范围	46.02～49.86	46.26～48.53	54.40～57.90	52.00～55.07	49.43
	平均值	47.14	47.32	56.44	53.00	
高位热值/（MJ/kg 干基）	范围	12.37～13.32	11.67～12.25	9.48～10.47	9.92～14.21	12.91
	平均值	12.89	12.11	9.97	10.99	
低位热值/（MJ/kg 干基）	范围	11.47～12.47	10.94～11.69	8.81～9.83	8.94～10.24	11.16
	平均值	12.06	11.32	9.32	9.73	

注：引自中国市政工程西南设计院编《成都市第一污水污泥厂工程可研报告》。

成都市中心城区 4 座生活污水处理厂污泥的燃料组成与一般市政污泥的燃料组成相比，显示其挥发分偏低、灰分偏高，固定碳含量相近（见表 3-23），而热值是全国市政污泥低位热值范围的下限。

表 3-23 污泥燃料组成比较

污泥类别		一般市政污泥	成都主城区污泥
燃料组成	挥发分/%	66	44.61
	固定碳/%	6	5.96
	灰分/%	24	49.43

3.4.5 四川省主要城镇生活污水处理厂污泥低位热值（干基）

四川省主要城镇 35 座生活污水处理厂排出的污泥，经检测污泥中有机质含量与热值，发现不同城镇市政污泥的热值差异甚大，其中有的低位热值仅 5.62 MJ/kg（干基），而有的低位热值可达 16.57 MJ/kg（干基）。不同城镇市政污泥热值的差异主要受污水处理厂服务范围居民生活习惯、污水管网完善程度及污水净化工艺的影响，其中居民生活习惯及污水净化工艺直接影响污泥中有机质含量，于是导致污泥热值的不同（详见表3-24），如表3-24中金堂县市政污泥中有机质含量为 27.12%，其污泥低位热值为 5.62 MJ/kg；温江区市政污泥中有机质含量为 45.34%，其污泥低位热值为 12.14 MJ/kg；而乐山市市政污泥中有机质含量为 54.15%，其污泥低位热值则高达 16.57 MJ/kg。

表3-24 四川省主要城镇35座生活污水处理厂污泥中有机质含量与热值

单位：MJ/kg（干基）

厂 名	有机质/%	热值	厂 名	有机质/%	热值	厂 名	有机质/%	热值
成都污水一厂	51.69	12.69	双流县华阳污水厂	57.70	13.65	泸州市污水厂	49.20	11.25
成都污水一厂	50.06	12.24	双流县华阳污水厂	56.44	13.68	宜宾市北岸污水厂	57.80	13.97
成都污水二厂	50.60	12.40	郫县污水厂	49.78	11.20	宜宾市北岸污水厂	53.70	13.66
成都污水二厂	50.76	12.42	郫县污水厂	44.29	10.84	眉山市污水厂	58.69	15.11
成都污水五厂	48.41	11.32	金堂县污水厂	27.12	5.62	攀枝花市炳草岗污水厂	65.33	15.76
成都污水五厂	48.0	10.80	绵阳市永兴污水厂	30.88	7.69	广安市污水厂	54.85	14.67
成都高新区污水厂	51.50	12.96	德阳市芦溪污水厂	36.98	9.22	乐山市污水厂	54.15	16.57
都江堰市污水厂	25.28	6.13	德阳市绵延河污水厂	44.14	10.44	简阳市污水厂	48.97	11.14
彭州市污水厂	59.69	14.67	德阳市绵延河污水厂	44.41	10.49	阆中市污水厂	47.56	15.80
温江区污水厂	45.34	12.14	南充市污水厂	48.88	12.15			
龙泉驿区污水厂	45.33	10.16	遂宁市污水厂	59.31	14.38	最低值	25.28	5.62
双流县东升污水厂	44.98	10.61	达州市污水厂	57.44	13.76	最高值	65.33	16.57
双流县东升污水厂	45.75	10.60	雅安市污水厂	56.74	13.29	平均值	49.19	12.10

注：（1）污泥热值检测单位：四川省蜀川岩土矿产测试公司，主要检测仪器是"自动量热仪"，检测的是弹筒发热量。

（2）污泥有机质检测单位：国土资源部成都矿产资源监督检测中心。

如果市政污泥要作焚烧处理时，其理化指标应满足表3-25中指标要求；根据表3-21所列指标可以看出成都市主城区生活污水处理厂污泥的低位热值符合单独焚烧要求，但挥发分指标偏低，若采用单独焚烧处理，需添加辅助燃料，烟气需特别注意对汞、镉的处理。

表 3-25 市政污泥焚烧处理的理化指标

指标	含水率/%	低位热值/[MJ/kg（干基）]	挥发分/%
直接自持焚烧	＜50	＞5.00	＞70
直接助燃焚烧	＜80	＞3.50	＞70
干燥焚烧	＜80	＞3.50	＞70

3.4.6 市政污泥不同含水率的热值计算

当不同含水率的市政污泥用于直接焚烧，这时污泥中的水分将以汽化潜热形式带走热量，而剩余的是干基污泥的热量，这才是污泥焚烧利用的热值。现以焚烧处理每吨含水率55%的市政污泥为例，计算污泥可利用的热值。

一般市政污泥干基热值为 11～16 MJ/kg，现设每千克干基污泥热值为12.11 MJ，其热效率设为70%，处理量为450kg，则每吨含水率55%的脱水污泥燃烧可利用热值为：

12.11 MJ/kg×450 kg（干污泥）×70% = 3 814.65 MJ

而每吨含水率55%脱水污泥中的水分从室温20℃加热到100℃成水蒸气蒸发掉热量（能耗）为：

（334.94 kJ/kg+2 591.63 kJ/kg）×550 kg = 1 609 613.5 kJ

则每吨市政污泥（干基）可利用热值为2 205.04 MJ。

4 市政污泥的处理与处置

4.1 何谓市政污泥处理与处置

由城市生活污水处理过程产生的污泥含水率高、体积大，有机物浓度高且很不稳定，易腐败发臭，同时常含病原菌、寄生虫卵和重金属等有害污染物，因此污泥产生后必须要减容化、稳定化、无害化，同时还要求达到资源化目标而被环境最终消纳，这就是市政污泥处理处置需要达到的“四化”的目的要求。

4.1.1 何谓“污泥处理”

“污泥处理”是指污泥产生后进行减容化、稳定化及无害化的加工过程，即实现“三化”过程，而不是最终消纳。采用的处理方法主要是浓缩、脱水、厌氧消化、好氧发酵、干化等工艺技术。

（1）污泥减容（减量）化

这是指通过降低污泥中含水率来减少污泥体积及重量的过程，而市政污泥处理的首要任务就是脱水，它的作用是去除污泥中大量水分，以期缩小其体积，减轻其重量，为后续处置创造便利条件。污泥处理主要工艺是浓缩和脱水以及干化。市政污泥减容（减量）过程，只是失去水分，污泥中所含有机物和重金属含量几乎不变。

（2）污泥稳定化

这是指通过物理、化学或生物处理后，使污泥中易腐臭的有机物发生分解或降解而成为矿化程度较高的无机化合物（如 H_2O 和 CO_2）和腐殖质的过程，采用的处理工艺主要是厌氧消化或好氧消化（好氧堆肥），或者采用石灰干化或热干化手段达到稳定化。

（3）污泥无害化

这是指通过化学氧化、高温分解等方法杀灭污泥中病原菌和寄生虫卵的过程，也包括采用理化、生化等手段去除污泥中的重金属、有机卤素、多氯联苯、阴离子合成洗涤剂等污染物的过程。

4.1.2 何谓“污泥处置”

“污泥处置”是指污泥经处理后所采用的最终消纳过程，它可以通过人工或自然方法使其达到长期稳定并对环境无不良影响的最后消纳方式，而且污泥处置往往与污泥资源化相联系，污泥处置的目的是力求达到污泥资源化的目标，因此污泥最佳的处置方式恰恰是污泥最好的资源化方式，包括土地利用（污泥肥料化）、燃料利用（污泥能源化）、建材利用以及卫生填埋等消纳方式。

4.1.3 污泥处理与处置关系

市政污泥处理处置的目的是以达到减量化、稳定化、无害化、资源化的目标为原则，污泥处理与处置密切相关，污泥处理的效果直接影响污泥的最终处置，如污泥处理的关键工艺是脱水而达到减容目的，如果污泥脱水不到位，不但增加污泥运输的难度，而且对运输路线（或周边环境）带来污染威胁，并对后续处置带来极大不便；但若污泥脱水处理能使污泥含水率达到小于（等于）55%，则对后续处置（不论是堆肥或焚烧）将十分方便。由此可见，污泥处理效果直接影响污泥的最终处置，二者相辅相成。

附带说明，一座生活污水处理厂采用的污水处理工艺技术，在很大程度上决定着污泥的产生量及其处理方式。如污水处理采用氧化沟工艺，由于该工艺采用延时曝气，不仅污泥产生量少，而且对污泥进行了稳定化处理，使污泥脱水较困难。又如污水处理采用活性污泥法（厌氧消化工艺），则产生的污泥较易脱水。另外，如果市政污泥采用焚烧处置方式，而焚烧工艺需利用污泥热值，于是要求污泥含较多有机质，因此污水处理工艺不宜采用低负荷和厌氧消化工艺，因为污水处理负荷率低，污泥产生率也低。如 A^2/O 工艺为高负荷时，污泥产生率为 0.203 kg/m^3，中负荷为 0.163 kg/m^3，低负荷为 0.122 kg/m^3；至于厌氧消化过程有机物产沼而转入沼渣泥中有机质大大降低。

4.1.4 市政污泥处理处置应遵循的原则

据中国水网最新研究预测，2015 年末我国脱水污泥年产量将超过 2 600 万 t（约为 7 万 t/d），污泥处理处置投资将达 600 亿元，这将是社会的沉重负担，因此寻找实用有效的污泥处理处置方式将具有重大的经济效益、环境效益和社会效益。为此，市政污泥处理处置应遵循以下原则：

（1）必须安全环保

市政污泥处理处置所选择的工艺技术，必须要达到减量化、稳定化和无害化，即污水处理厂排出的污泥必须脱水、污泥中易腐化发臭的有机物应经生物降解转化腐殖质；污泥中病原菌和寄生虫卵必须杀灭，达到卫生学指标；确保公众健康和环境安全；污泥中重金属含量必须低于标准限值。

（2）因地制宜

选择市政污泥处理处置工艺技术方案时，应根据污泥的产生量、泥质特征（污泥含水率、成分和热值）以及当地土地资源和土壤特征、经济社会发展水平，有无可利用的生活垃圾焚烧厂、水泥窑、热电厂等工业窑炉，综合分析上述各个因素，因地制宜地选择污泥处理处置工艺技术路线和方案。

（3）市政污泥处理处置目的应使污泥转化为能源或肥料源，鼓励回收和利用污泥中的能源和肥料源，从而达到环境保护和资源综合利用两大目标。

（4）污泥处理处置应选择节能降耗的工艺技术，尤其干化焚烧切忌采用消耗大量优质清洁能源（如天然气），务必做到低碳处理处置。

（5）必须经过技术经济论证和环境影响评价，最后选择最佳的处理处置工艺技术方案。

4.1.5 市政污泥处置技术路线

市政污泥的处置技术路线是首先鼓励符合《农用污泥中污染物控制标准》的污泥进行土地利用，包括农用、园林绿化以及盐碱地、沙化地和废矿场的土地改良，本书强调市政污泥土地利用，而且用较大篇幅论述市政污泥好氧高温发酵工艺技术和应用前景。如果市政污泥不符合土地利用，则可在有条件的地区，积极推广污泥生物燃气化工艺技术，这是非常有前景的再生利用工艺技术。如若不行，则选用建材利用，特别是制砖或水泥窑协同焚烧污泥生产砖和水泥。至于经济社会水平高的城市，也应慎重选用单独焚烧处置市政污泥，但鼓励生活垃圾焚烧厂、水泥厂和热电厂混烧或协同焚烧市政污泥，只有不具备土地利用和建材利用的，又无生活垃圾焚烧厂和热电厂的，可以考虑采用安全填埋处置方式。

4.2 市政污泥处置分类及其要求

4.2.1 市政污泥处置分类

根据《城镇生活污水处理厂污泥处置分类》（CJ/T 239—2007）的规定，市政污泥处置类型分为土地利用、建材利用、焚烧和填埋等四大类，详见表4-1。四川省尚有蚯蚓养殖处理污泥方式。

表4-1 市政污泥处置分类

分类	范围	备注
污泥土地利用	农用*	农用有机肥料，农田土壤改良材料
	园林绿化	造林、育苗和园林绿化等的基质和肥料
	土地改良	盐碱地、沙化地和废弃矿场土壤改良材料
污泥填埋	单独填埋	专供污泥填埋的填埋场
	混合填埋	与生活垃圾混合填埋（含填埋场覆盖材料利用）
	特殊填埋	填池和填海造地
污泥建筑材料利用	制水泥添加剂	制水泥的部分原料或添加料
	制砖	制砖的部分原料
	制轻质骨料	制陶粒等轻质骨料的部分原料
	制其它建材	制生化纤维板等部分原料
污泥焚烧	单独焚烧	专供污泥焚烧的焚烧炉焚烧
	与垃圾混烧	与生活垃圾一同焚烧
	利用工业锅炉焚烧	利用工业锅炉焚烧
	送火力发电厂焚烧	利用火力发电厂锅炉焚烧

注：* 农用包括进食物链利用和不进食物链利用。

4.2.2 市政污泥处置的基本要求

市政污泥处置方式计有土地利用、焚烧、建材利用以及卫生填埋等，各种处置方式对污泥性质都有基本要求，详见表4-2。

表 4-2　市政污泥各种处置方式的基本要求

处置分类	基本要求
土地利用	污泥含水率＜60%，有机质含量≥40%，重金属含量必须符合标准限值，堆肥产品应两次好氧发酵腐熟后的产品，总之泥质应符合农用肥料标准或土壤改良剂标准
焚　烧	①单独焚烧要求：污泥处理规模为特大型或大型（即污泥处理规模＞100 t/d，含水率 80%），进炉污泥含水率≤30%，低位热值＞5 000 kJ/kg，城市社会经济水平高或较高； ②与生活垃圾混烧：污泥处理规模＜100 t/d，含水率＜50%，低位热值＞4 275 kJ/kg，与生活垃圾混合比例为 1∶4； ③水泥窑掺烧：污泥含水率＜35%，粒度与生料粉和燃煤粉粒径相当，掺和比例≤10%，不含 Cl。干法工艺，熟料产量 1 000～3 000 t
建材利用	①掺和黏土页岩制砖：污泥含水率≤40%，烧失量≤50%，混合比（质量分数）≤10%。 ②制陶粒：干法烧结要求污泥含水率＜10%，污泥掺和比例占 50%
安全填埋	①单独填埋：污泥处理规模＜50 t/d，城市社会经济水平较低，污泥含水率＜60%，有机质＜40%，横向剪切强度＞25 kPa，纵向抗剪强度为 80～100 kN/m^2（否则要掺和生石灰）； ②与生活垃圾混合填埋：污泥含水率≤40%，混合比例为 8%

4.2.3　市政污泥各种处置方法的优缺点

市政污泥的四大类处置方法各有优缺点，归纳起来如表 4-3 所示。

表 4-3　市政污泥各种处置方法优缺点

处置方法		优　点	缺　点
土地利用	好氧堆肥	①投资低，运行费用适中。 ②堆肥产品肥效好，且可改良土壤结构。 ③工艺技术易掌握	①受污泥中重金属含量制约。 ②堆肥产品市场风险大。 ③占地面大，发酵周期较长。 ④一次发酵有臭味
	蚯蚓养殖	①蚯蚓粪是活性有机肥料，肥效高。 ②蚯蚓体可做药剂和饲料。 ③投资低，运行费适中	①大田/大棚养殖占地面积过大。 ②养殖环境的“三度一通”条件要求高。 ③饵料配制较讲究
焚烧	单独焚烧	①无害化彻底，减量化显著。处理速率高。 ②规模化单烧，热能可发电。 ③可处理重金属含量超标的污泥。 ④适于处理中型～大型城市市政污泥	①投资过高，运行费用较高。 ②工艺、设备复杂，管理水平要求高。 ③污泥脱水干化耗能。 ④烟气易造成二次污染，且处理较难

处置方法		优　点	缺　点
焚烧	混合焚烧	①可以利用生活垃圾焚烧厂或燃煤发电厂现有的焚烧炉和尾气处理设施和装备。 ②投资省，运行费用较低。 ③蒸汽余热可用于干化污泥	①污泥含水率高，脱水干化难。 ②厂方一般不愿接收，需当地政府协调
建材利用	水泥生产	①污泥燃烧，可提供热量，燃烧后残渣经煅烧固化成为水泥熟料的一部分。 ②节能减排，技术成熟可靠。 ③节省投资。节省管理团队。 ④可以处理重金属超标污泥	①污泥必须干化达含水率≤30%。 ②污泥添加比例受限（10%～15%；含水率 80%）
	污泥制砖	①节省单独建设污泥处置设施，节省投资。 ②节省制砖的部分原料和燃料。 ③污泥干化排出的臭气和有害气体可打入回转窑内高温处理	①砖坯水分难控制，干燥废品高。 ②原料掺配必须充分均匀化。 ③污泥脱水干化含水率应达到≤40%。 ④污泥掺和比例＜10%
填埋	单独安全填埋	①处理量大，投资适中，运行费低。 ②处理工艺简单。 ③填埋气体可收集利用	①场地工程地质和水文地质要求高。 ②场地防渗要求严，占用土地多。 ③浪费可再生利用资源
	混合填埋	①节省填埋场地建设，投资省。 ②处理量大，可与生活垃圾混合填埋，也可作覆盖土	①造成垃圾填埋操作不方便。 ②降低堆体稳定性，易崩塌。 ③降低填埋场使用寿命。 ④堵塞填埋场渗滤液收集系统，且渗滤处理难度加大

4.3　市政污泥处理处置国内外动态

4.3.1　国外市政污泥处理处置现状和发展趋势

（1）美国

美国在 2008 年前后对市政污泥主要采用厌氧消化进行处置（占 53%），其次是堆肥处置（占 20%），石灰稳定占 12%，热稳定仅占 5%，填埋占 4%。在污泥能源化驱动下，污泥厌氧消化比例大大增加，可是 2004 年前后，美国污泥处置中约 55%污泥为土地利用（主要用农艺、造林和土地改良），约 28%污泥送往垃圾填埋场处置；15%污泥为焚烧处置，剩下 2%污泥自然干化。

（2）欧盟各国

欧盟各国城镇污水处理厂产出的污泥大多数作为土地利用，少数焚烧或填埋处置，详见表 4-4。

表 4-4 欧盟各国市政污泥处置方式的比例 单位：%

国名	土地利用	焚烧	填埋	其它	国名	土地利用	焚烧	填埋	其它
英国	70	22	6	2	葡萄牙	30	—	60	10
法国	68	32	—	—	西班牙	55	7	34	4
德国	50	30	18	2	荷兰	28	50	17	5
爱尔兰	75	—	25	—	卢森堡	64	30	6	—
意大利	54	35	11	—	瑞典	60	—	40	—
希腊	8	—	92	—	瑞士	50	20	30	—
奥地利	35	35	28	2	丹麦	62	25	13	—
比利时	30	8	24	38	芬兰	73	—	27	—

由上述可见欧美国家已重视市政污泥的土地利用，目前比较明确地将土地利用作为污泥处置的主要方式和鼓励方向。

（3）日本

日本 20 世纪 60 年代以来，处置方式如下：

1960 年以前，主要采用自然干化后填埋；

60 年代，主要采用厌氧消化和脱水后填埋；

70 年代，主要采用脱水堆肥土地利用；

80 年代，主要采用焚烧，炉渣填海；

90 年代，主要采用热法固化，烧制砖瓦；

目前日本对市政污泥各处置方式所占比例为农用 10%，焚烧 64%，填埋 19%，其它（包括海洋倾倒）7%；

21 世纪，主要采用脱水热干化作燃料；

22 世纪，探索生物质气化，发展生物质燃气产业，做内燃机燃料。

4.3.2 国内市政污泥处理处置现状与发展趋势

（1）截至 2010 年年底，国内运营的 2 500 多座城镇污水处理厂，污水处理量达 1.22 亿 m^3/d，湿污泥量约 3 000 万 t/d（含水率 80%），其中 20%左右填埋，10%堆肥，少量焚烧及建材利用，余下 70%左右则随意弃置和简单填埋，污泥中所含病原菌、重金属及持久性有机物等有毒有害物质将严重影响环境安全。

（2）国内实例

1）北京市

北京市 2009 年污泥产生量 2 500 t/d，其中 16%（约 400 t/d）热干化，用做燃料，主要用于水泥厂或热电厂焚烧；20%（约 500 t/d）堆肥，主要用于林地、城市绿化、大田作物用肥及土壤改良剂；另有 64%（约 1 600 t/d），直接用于沙漠地改良等。

2010 年北京市市政污泥产生量预计 2 700 t/d，其中约 14.8%（400 t/d）热干化，用做燃料，主要用于水泥厂或热电厂焚烧；33.3%（900 t/d）用做堆肥，堆肥产品主要用于土壤改良剂；另有 18.5%（500 t/d）石灰干化处理，主要用于路基材料、制水泥的原料以及废坑修复；尚有 33.3%（900 t/d）用于沙漠改良及其它。

2011 年以后北京市预计市政污泥产生量 3 000 t/d，其中热干化占 40%（1 200 t/d）；堆肥占 30%（900 t/d）；石灰干化占 13.3%（400 t/d）；沙漠改良及其它占 16.7%（500 t/d）。

2014 年从北京市政污泥处置动向可看出该市以热干化和堆肥为主，石灰干化和沙漠改良为辅。如北京庞各庄污泥堆肥厂，采用常温静态好氧堆肥工艺，每天处理污泥 600 t（含水率 80%），堆肥腐熟周期 25 天左右，有机肥料产量每天 230 t（含水率 30%左右）。

2）上海市

上海市 2010 年以前以填埋为主（占 57.5%），热干化焚烧为辅（占 30.9%），少量堆肥（占 8.5%），而上海市现今及以后则以焚烧为主（占 63%），填埋（占 19.45%）和堆肥（占 13.55%）为辅（或并重）。

3）四川省

据《城镇排水统计年鉴》2013 年四川省 53 座污水处理厂统计结果表明脱水污泥产生量共计 266 705.5 t/a（即每天 730.7 t），含水率平均为 78%，其中成都市中心城区污水处理厂的污泥产生量为 149 014.9 t/a（即每天 408.26 t）。

四川省 53 座污水处理厂每天产出的 700 多吨脱水污泥（含水率 80%），除成都中心城区每天产出的 400 多吨脱水污泥运往成都市龙泉驿长安生活垃圾卫生填埋场填埋外，长期以来省内大多数生活污水处理厂每天产生的 4 万多吨脱水污泥未进行减量化、稳定化及无害化处理，随意弃置或临时堆放，造成严重的生态环境污染隐患。不过目前成都市中心城区已采用焚烧发电方式处置市政污泥，由于投资高、运行费用高，工艺技术不规范，已成无奈之举。此外，也有个别污水处理厂用污泥制砖，有尝试用污泥烘干后生产颗粒肥料，但由于产品无销路，被迫停产。近期有两家大田/大棚蚯蚓养殖处理市政污泥，但由于蚯蚓养殖床环境“三度一通”调控不规范，这种污泥处置方式的前景欠佳。

总之，四川省市政污泥处理处置严重滞后，专业性处理处置相当不足，普遍未经无害化和稳定化处理，污水处理厂在污泥排放末端通过机械压滤装置将污泥脱水到含水率 80%左右的就外运堆放、填埋。不过，随着政府和业内人士对环境安全和保障公众健康的重视，市政污泥的“三化”处理与资源化利用将很快沿着专业化和市场化发展。当污泥中污染物含量达到标准限值，四川又是农业大省，应把土地利用作为污泥处置的主要方式和鼓励方向，其中泥质达 A 级的，鼓励农用；达 B 级的，鼓励城市园林绿化用或建材用。预计“十二五”市政污泥处理处置将是投资热点，而且按照“安全环保、节能省地、循环利用、经济合理”原则，势必会鼓励将污泥稳定化、无害化处理后进行生物质能源化利用或进行农用、土地改良、园林绿化等土地利用。

（3）国内污泥不规范处置的原因分析

1）政府和企业“重水轻泥”的意识导致污泥处置问题不够重视，尤其 2004 年以前污泥问题尚未凸显，未引起政府和企业的重视。

2）污泥处理处置的财政投入不足，即使目前污泥问题已显现环境隐患，相关污水处理厂依然难以开展建设污泥处理处置工程。

3）污泥处置主要工艺虽比较成熟，但热干化焚烧工艺的建设和运行成本高，污泥好氧堆肥产品的市场又受限制，污泥生物质燃气化利用又未被重视，污泥处置方式选择困难，经济技术风险大。

4）污泥处理处置缺乏相应的配套政策措施，尤其收费支撑体系，各地财政补贴不明朗。

4.4 污泥处理工艺

市政污泥处理的目的是使污水处理厂排出的污泥能达到减量化、稳定化和无害化的目标，其工艺主要有浓缩、消化、脱水和干化，有的把污泥堆肥和焚烧也视为处理工艺。

4.4.1 污泥浓缩

液体状污泥减容的头道工序是浓缩，主要是去除污泥中自由水，初步将污泥含水率降低到 94%～96%，污泥体积缩至原来的 1/4 左右，成为糊状，仍具流动性，用泵输送。

污泥浓缩方法主要有重力浓缩法、机械浓缩法和沉浮浓缩法，其中常用的是重力浓缩法。

对于污水处理规模大于 20 万 m^3/d 的污水处理厂，污泥经浓缩后最好进行厌氧消化处理，因为浓缩后污泥含固率 4%～6%，适合厌氧消化处理，为此可用提升泵送入中温厌氧消化罐进行厌氧消化，产生的沼气用做燃料——民用或污泥热干化；产生的污泥（沼渣）经后续调理、脱水/干化，另做处置。

4.4.2 污泥脱水

市政污泥经浓缩后含水率依然很高（94%～96%），经机械脱水后的含水率仍在 80%左右，体积庞大，热值低，不宜用于好氧堆肥、焚烧、建材利用，甚至不能填埋。因此污泥处理的关键（也是首要任务）是脱水，这对减少污泥的体积，增加污泥可利用物质的含量和热值，减轻后续的处理处置压力，是关键性的处理工艺，因此无论后续处理处置采用何种工艺技术，首先必须进行污泥脱水。污泥脱水的技术方法主要有两种：一是机械脱水，主要去除污泥中结合水的间隙水、毛细结合水、表面吸附水；二是干化脱水，主要去除污泥中结合水的细胞内部水。

（1）污泥脱水的影响因素

污泥脱水的影响因素主要受污泥的来源、污泥的性质、污泥中水的存在形式等影响；其中污泥的有机物含量、颗粒均匀度以及挥发性固体含量影响很大，污泥中有机物胶体含量越高，颗粒越小越不均匀、挥发性固体含量越大，脱水就越难，因此必须对泥质进行调节（如添加絮凝剂），使之更容易固液分离。至于机械脱水，一般还受过滤介质（滤布）、过滤压力和过滤操作状况的影响。污泥的性质、污泥中水的存在形式等内容已在“市政污泥的特性”的章节中做了阐述，这里着重介绍过滤介质（滤布）的影响，因为污泥压滤脱水过程滤布起着重要作用，它将影响污泥脱水操作和处理成本。

1）滤布种类

机械脱水所用的滤布有几种，不过目前工程上多选用聚丙烯，尤其自动板框压滤机和带式压滤机多选用聚丙烯。

2）滤布的纱型

滤布的纱型有单缕、复缕及定长纤维三种，各种滤布的优缺点如下：

①单缕滤布——这种滤布具过滤产率最高，滤饼含水率最低、卸料最易、不易堵塞等优点；但对污泥中颗粒的隔滤性最差，密封性较差，寿命最短等缺点。

②复缕滤布——复缕滤布各种性能均较差，多不选用。

③定长纤维——这种滤布具隔滤性好、密封性好、寿命长优点，但过滤产率、滤饼含水率、卸料、堵塞等都不如单缕滤布。

3）滤布的织造

滤布的织造有缎纹、平纹和斜纹三种，各种织造的优缺点如下：

①缎纹滤布——这种滤布具过滤产率最高，滤饼含水率最低，卸料最易、不易堵塞等优点，但对污泥颗粒隔滤性最差，滤布寿命短。

②平纹滤布——这种滤布对污泥颗粒隔滤性能最好，但其它性能均较差，滤布使用寿命较短。

③斜纹滤布——这种滤布除使用寿命较长外，其他性能均较差。

4）过滤压力

一般而言，滤液的过滤速度与压力成正比，但对于滤饼可压缩而言，随着过滤压力增加，滤饼比阻值也增加，因此应选择过滤压力适宜值，对于市政污泥而言，选择 500 g/cm^2 压力较适宜，超过这个适宜值，增加过滤压力，滤速却提高不显著。

（2）污泥脱水的方式

污泥经浓缩后，接着是脱水，目前看来污泥脱水的最好方式是压滤（机械脱水）和干化（自然干化、石灰干化和热干化），为此，根据污泥性质、经济条件和最终处置要求，选择合适的压滤脱水机械和优越的干化设备。

1）机械脱水

①压滤脱水机类型

传统的压滤脱水机有板框压滤机、带式压滤机和离心压滤机，此外还有广州绿由公司开发的全自动板框压滤机和上海复洁公司研究开发的低温真空脱水干化一体机（简称复洁压滤干化机）。这些污泥脱水设备的性能比较列于表 4-5。

表 4-5　不同污泥脱水设备性能比较

比较项目	传统压滤脱水机			全自动板框压滤机	压滤脱水干化机
	板框压滤机	带式压滤机	离心脱水机		
处理后污泥含水率/%	70～80	75～83	70～85	＜60	＜40
能耗/[kW・h/t（干基）]	25～40	5～20	30～60	6～15	10～15
冲洗水量	中等	大	小	小	小
药剂费用比	1.0	1.0	0.7	0.7	—
现场环境	一般	差（异味浓）	较好（密闭工作）	较好（泥饼无异味）	较好
可扩容性	可以	不可	不可	可以	可以
自动化程度	一般	一般	较好	好	高
安全性质	较好	差	较好	好	好
维护费用	中等	较高	较高	中等	中等

如果污泥进行高温好氧堆肥，则推荐使用广州绿由公司生产的绿由泥水一体化板框压滤机，该设备可将污泥含水率93%以上，一次性脱水至55%，脱水后泥饼呈干饼状，污泥体积减少一半，且无恶臭产生，它一次性投入成本与现有带式压滤机和离心脱水机持平，能耗低，运行成本低，在广东省已有多项工程应用实例，获得客户一致好评。

②绿由泥水一体化板框压滤机的优点

・进料系统增加“泥浆螺旋分配器”，使注入的污泥在滤板里分布均匀，泥饼厚薄一致。

・滤板采用“凸起粒子滤板”，增加注入污泥在滤室里的流动性和在滤板里的均匀性，使滤板挤压过程不易爆裂。

・滤布编织成锥形滤孔，大幅度降低滤布介质阻力，明显提高滤布的疏水性能。

・一次性脱水可使污泥含水率降至 60%～55%，这给市政污泥好氧发酵或焚烧处理创造条件。

另外，本书作者还推荐由许禄钟高工负责研发的“海山型”螺旋挤压固液分离机，该设备适用小型污水处理厂污泥脱水，价格低廉，使用方便，见图 4-1。

图 4-1 “海山型”螺旋挤压固液分离机

③复洁低温真空脱水干化压滤机

目前市场上推出的一种新型的污泥固液分离设备，即“复洁低温真空脱水干化压滤机”（见图 4-2），它是将污泥脱水与干化工序合成一体，即脱水干化“两段式”一体化，在同一个系统中连续完成，湿污泥经过滤、隔膜压滤以及真空干化等几个过程，充分脱除污泥中水分，使污泥含水率一次性由 90%～99%降至 40%以下，改变传统工艺中脱水与干化两个工序分开运行，避免了脱水设备与干化设备的转换时间和劳动力，又能将污泥含水率降至各种污泥处理处置所需的水分要求（如好氧发酵要求污泥含水率为 50%～60%，焚烧要求污泥含水率小于 30%等），可最大限度地实现污泥减量化，是污泥脱水—干化的新一代节能降耗的环保设备。其工作原理如下：该设备是利用环境压强减小则水沸点降低的原理。通过真空系统将腔室内的气压降低，以使滤饼中水的沸点降低，同时通过隔膜板和加热板对滤饼加热，使滤饼中水分蒸发加快，比在常压下加热干化的效率更高。利用低温（90℃）真空干化原理，达到传统热干化的脱水效果，并在一定程度上起到了杀灭病菌的无害化作用。

图 4-2 复洁低温真空脱水干化压滤机

低温真空脱水干化一体化机由如下七个系统组成：

• 机体系统

机体是由机架和活动压紧板构成的滤板组所形成的滤板压紧机构，由油缸同步运动来实现滤板的稳定闭合，均匀施压，其密闭可靠，密封性能好，有利真空度形成。

• 压滤系统

压滤系统由交替排列的隔膜板和加热板以及滤布形成的多个滤室，污泥在泵压作用下，经进料口均匀进入各过滤腔室内，借助泵压进行固液分离，经压缩脱水，挤压成滤饼。

• 液压系统

液压系统由油缸及活塞杆构成，当控制系统启动油泵，并使油缸压力达到设定的上限值，油缸处于保压状态，各过滤腔室内污泥压缩脱水，直到真空干化结束，油缸活塞回缩，滤板拉开卸料。

• 真空系统

真空系统包括真空泵、冷凝阀组、管道等组成，其中真空泵用于抽取密闭腔室内的汽水混合物，使腔室形成一定真空度，达到降低水的沸点；冷凝阀组（即冷凝器）用于抽出腔室内汽水混合物冷凝成水，进而随管道排出。

• 加热循环系统

该系统包括热水锅炉、循环、泵、阀组等，热水锅炉将冷水加热至 85～90℃并保持在 90℃，由热水泵将热水注入隔膜板和加热板，利用热交换器对隔模板和加热板加热增温，进而加热滤饼，达到真空干化目的。加热后的水回流至锅炉，再次加热实现闭路循环。加热热源尽可能利用废热热源（余热蒸汽）。

• 卸料和滤布清洗装置

滤板开启，污泥滤饼自行脱落，随之根据需求，选配滤布清洗装置。

• 电控系统

该系统包括运行集中控制、传感器、液压控制、管路阀门控制、液位控制、输送控制等组成，用以完成压滤机进料、压榨、真空干化、卸料等工作周期的控制。电控设备可自动亦可手动控制，它可现场调整压滤机工艺参数，并可自动报警，显示故障和运行、操作等功能，同时配置紧急停止装置和安全光幕保护（选配）。

2）典型案例

①南京东明污水处理厂污泥脱水干化工程

处理规模：45 t/d（含水率 80%），出泥含水率≤30%，设备型号：DZG-2000/500

②南京胜科水务公司一期污泥脱水干化工程

处理规模：30 t/d（含水率 85%），出泥含水率≤20%，设备型号：DZG-2000/500

③公司负责“模块化”设计、设备安装和运行。

4.4.3 污泥干化

城镇污水处理厂排出的污泥经重力浓缩和机械脱水后含水率在 80%左右，体积庞大，热值低，不宜用于好氧堆肥、焚烧、建材利用，甚至填埋，必须进一步脱水、干化。

污泥干化有三种类型，一是自然干化，二是热干化，三是石灰干化。

（1）自然干化

污泥自然干化是一种利用太阳能的干化技术。太阳能是一种巨大的清洁能源，我国太阳能年辐射量为 3 500～6 520 MJ/m^2，取平均值 5 020 MJ/m^2 计算，则每平方米土地上每年产生 120×10^4 kcal 热量，也就是说我国每平方米一年有相当于 170 kg 标准煤热值，如果建一座 2 500 m^2 的塑料大棚，热利用率以 70%计，则每平方米土地每年太阳能产生热量达 84×10^4 kcal，因此完全可以利用太阳能作为热源来干化污泥。

污泥自然干化一般要求：

1）气候比较干燥，年均降雨量远小于年均蒸发量，但若年均降雨量与年均蒸发量的差值在 100 mm 之内，可以采用强化措施，确保太阳能干化污泥。

2）当地用地不紧张，而且市政污泥产生量小于 5 t/d。

3）污泥自然干化场场址与居民点及公共设施相距应大于 1 000 m。

4）污泥自然干化床均应有防渗措施，干化床上污泥铺设厚度小于 2 m。

（2）热干化

要使市政污泥成为燃料，最好采用加热干化技术，它是一种利用外来热源来降低污泥含水率的干化技术，包括高温干化、中温干化和低温干化，其中高温干化的温度在 700℃左右，多用燃油或燃气作热源，干化过程粉尘浓度高，污泥中有机物挥发产生恶臭气体，因此通常不被采用；中温干化温度为 150～250℃，通常污泥热干化多采用中温干化；低温干化温度在 100℃以下，目前比较推崇低温干化。工程上主张利用烟气余热进行市政污泥干化，即利用水泥厂、热电厂、生活垃圾焚烧发电厂或市政污泥焚烧发电厂等排放的烟气余热进行污泥干化，这既可提高水泥厂、热电厂的能源利用率而减少 CO_2 排放，同时烟气与污泥直接接触，既蒸发污泥水分，又吸附烟气中颗粒（如 $PM_{2.5}$），因此是一种节能减排、经济可行的污泥干化技术。按照热介质是否与污泥相接触，它可有两种类型：一是直接热干化系统，即直接加热干化系统，它包括圆盘干燥器、直接加热转鼓干燥器、带式干燥器等；二是间接热干化系统，它是利用废热、烟气作为热源来干燥污泥，包括流化床干燥器、间接加热转鼓干燥器、多级圆盘干燥器、涡轮薄层干燥器等。下面重点介绍流化床干燥器和带式干燥器。

1）流化床干燥器

一种间接热干化设备流化床干化系统的污泥颗粒温度一般为 40～85℃，该系统氧含量小于 3%，热媒温度 180～220℃，以间接加热方式，热媒源计有天然气、燃油、蒸汽等，其优点是干化效果好，可全干化，也可半化，干化后污泥颗粒分布均匀，而且处理量大，单机处理能力为 30～600 t/d（含水率 80%）。缺点是投资和维修成本高。

2）带式干燥器

带式干化系统可用于污泥全干化，也可用于半干化，也就是说污泥干化效果（出泥含水率）可以自由选择，出泥颗粒含水率在 40%～10%，可任意选定，使用灵活。此外，它可采用直接加热方式，也可采用间接加热方式，而且可利用多种热源（如天然气、燃油、蒸汽、热水、导热油等），甚至可用来自气体发动机的冷却水及排放的气体，设备维护成本较低，运行过程不产生高温、高浓度粉尘。缺点是设备体积大、循环风量大、热能消耗大。

3）污泥热干化一般要求

①必须控制氧气含量（流化床干化器小于5%，带式和卧式转盘式干化器小于10%）、粉尘浓度（低于60 g/m^3）以及颗粒温度（110℃）。

②污泥单纯热干化运行费用较高（大于350元/t），尽可能污泥热干化与余热利用相结合。

③污泥处置选择焚烧方式；

④当地土地价格和劳动力成本较高；

⑤当地经济较发达；

⑥通过环境影响评价符合大气污染防治要求。

（3）石灰干化

石灰干化是指添加一定比例的生石灰（CaO）与脱水污泥均匀混合，通过生石灰与脱水污泥中水分的化学反应所释放热量，使污泥脱水干化[根据投加石灰比例的不同（5%～30%），可使污泥含水率从80%降到74%～48%]，并杀菌、抑制腐化以及钝化重金属的一种工艺，其化学反应式如下：

$$CaO + 2H_2O == Ca(OH)_2 + H_2 +\text{热量}$$

石灰干化的工艺流程见图4-3。

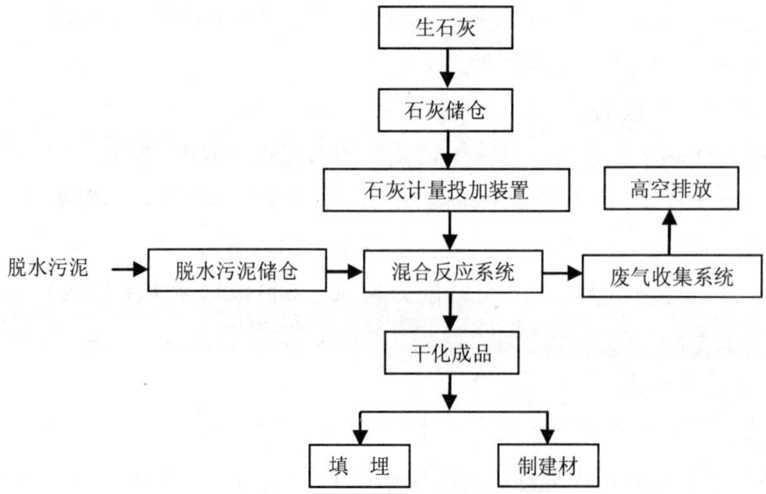

图4-3　脱水污泥石灰干化工艺流程

工艺流程说明：

输送系统——务必全封闭结构内的输送系统，脱水污泥和干化成品的输送机可选择螺旋式或带式输送机。

储仓——石灰储仓设有破袋装置、仓顶布袋除尘器和料位器的储仓，必须密封式。脱水污泥储仓为钢架大棚仓库。

计量投加系统——由进料斗、进料料位监测装置和出料装置以及计量投加装置等组成。生石灰投加比例以11%为宜，30分钟后污泥含水率达49%，温度可达58℃。

干化混合反应系统——多采用卧式混合搅拌反应器，该装置是石灰干化工艺的核心设备，该装置的主要组成包括混合圆筒、工作轴、搅拌元件以及在线监测装置等构件。

废气收集与处理系统——脱水污泥的石灰干化过程排放的废气主要为水蒸气、石灰粉尘、氨气、H_2S 等，温度为 30～50℃，这类废气处理可选择湿式喷淋塔。

污泥石灰干化处理的优点是工艺简单，工程建设费用投资少，运行费用适中，但是污泥石灰干化的效果除脱水外，pH 显著提高，干化后的污泥不宜用作好氧堆肥，也不宜用于焚烧处置，即使填埋也不合适，因为它将对污泥填埋气体产生抑制作用，影响污泥填埋场降解稳定时间。污泥石灰干化只适用于中小型污水处理厂的污泥处理，处理后的干化污泥适合水泥生产或制砖，而对于市政污泥轻易不用石灰干化。

5 市政污泥再生利用

城市生活污水处理厂产生的污泥含有大量有机质、氮、磷以及钙、镁、铁、钼、硼等植物必需的营养成分，其中有机质含量占干基质量一般在 44%～59%，有的高达 65%～70%，可见市政污泥既是能源，又是肥料源，但欲做到地尽其宜，物尽其用，最终处置达到有效综合利用的目的，这既要考虑该城市社会经济发展水平，还要把握污泥的特性，方可确定污泥有效利用的途径，实现市政污泥最终处置最佳方式。目前综观国内外市政污泥处理处置动态，市政污泥有效利用的主要途径不外乎通过焚烧或者厌氧发酵制沼来提取污泥中的能源；或者通过好氧发酵的堆肥技术，来生产有机肥料或土壤改良剂，也可以通过蚯蚓吞食污泥而转化为蚯蚓粪，进而生产有机肥料，达到提取污泥中的肥料源目的。如果既无法提取市政污泥中的能源，又不能用作肥料源，那么还可以利用污泥生产建筑材料，包括制砖、制陶粒，或者作为生产水泥的辅料。国家鼓励采用节能减排的污泥再生利用技术，鼓励污泥再生利用技术创新和科技进步，鼓励研发适合国情、省情和地区特点的污泥再生利用新技术、新工艺和新设备，鼓励充分利用社会资源开展再生利用。我国市政污泥再生利用刚起步，大部分市政污泥尚未得到有效的处理处置，多数城市污泥处理处置技术尚处于选择阶段（王伟，2015）。但“十三五”规划将进入高潮，抢占市场先机，响应国家四个“鼓励”，市政污泥再生利用事业将大放光辉！总而言之，市政污泥最终处置而有效利用的途径是多方面的，要根据所在城市社会经济水平和市政污泥特性，经技术评估、环境评估、风险评估，因地制宜选择恰当的有效的再生利用方式，既最终消纳了市政污泥，又实现了污泥的资源化目的。下面分别介绍市政污泥的土地利用、厌氧消化制沼、焚烧发电、高温热解气化、建材利用等方式，从而最终达到市政污泥被消纳的目的。

5.1 市政污泥土地利用

所谓市政污泥土地利用，是指市政污泥通过农业利用或园林绿化利用或土壤改良利用来最终消纳市政污泥的一种再生利用方式。市政污泥中含有大量有机质和氮、磷、钾等植物所需养分，当泥质达到农肥或土壤改良剂标准限值时，可以通过高温好氧发酵工艺技术进行稳定化和无害化处理，达到土地利用的资源化目的。市政污泥土地利用已成为世界各国主要的污泥处置方式，欧美国家的市政污泥农用率不断提升，如美国在2004年大约有55%的污泥最终用于土地，主要是用于农艺、造林和土地改良；欧盟许多国家比如英国、法国、荷兰、芬兰、丹麦、葡萄牙等国家的市政污泥土地利用比例分别为42%、50%、53%、40%、43%、80%，可见欧美国家市政污泥土地利用是主流的处置方式。因此，本书作者认为，当经过处理的市政污泥的泥质达到《农用污泥中污染物控制标准》（GB 4284—84）以及《城镇污水处理厂污泥处置：农用泥质》（CJ/T 309—2009）的规定时，应将市政污泥的土地利用作为优先发展方向，因为它对迅速恢复植被、促进土壤熟化和提高农作物产量都有巨大作用，是符合我国国情的污泥再生利用方式。

5.1.1 市政污泥土地利用的准入条件

污泥土地利用包括农用、园林绿化和土地改良，污泥不同用处，其泥质限制条件也就不同，详见表5-1。

5.1.2 市政污泥静态高温好氧堆肥工艺技术

市政污泥土地利用的最主要手段是通过污泥高温好氧发酵制肥的工艺技术，生产有机肥料用于农业施肥，或者生产土壤改良剂用于园林绿化的培植土和沙化地、盐碱地、废矿场的土壤营造。高温好氧发酵是一种生物处理技术，它利用污泥中好氧微生物在有氧条件下进行生物代谢作用，使污泥中有机物矿质化、腐殖化，并产生高温杀灭病原菌和寄生虫卵而无害化，且使水分蒸发而减量化，生成可被植物吸收的有效态氮、磷、钾化合物，又合成新的高分子化合物——腐殖质。因此污泥土地利用既解决城市污泥二次污染的隐患，又促进农林业发展，只要污泥中污染物指标达到标准限值，应该肯定污泥土地利用是最佳的最终处置方式，是一种经济、易操作、运行稳定的污泥再生利用最佳选择。现介绍好氧发酵工艺技术以及本课题实验结果。

20世纪80年代新兴的生物处理技术——堆肥化技术引入，并用于污泥处理处置，欧美国家及日本、韩国陆续建成工厂化大型污泥堆肥厂，堆肥产品制成复合肥投入土地利用市场，大规模商品化，但在国内却举步维艰。

表 5-1 市政污泥土地利用的准入条件

<table>
<tr><td colspan="3" rowspan="2"></td><td colspan="4">准入条件</td></tr>
<tr><td colspan="2">农用</td><td colspan="2">园林绿化/土地改良</td></tr>
<tr><td colspan="3">外观与嗅觉要求</td><td colspan="2">比较疏松，无明显恶臭</td><td colspan="2">同左</td></tr>
<tr><td rowspan="5">营养指标</td><td colspan="2">有机质/%</td><td colspan="2">≥20</td><td>≥25</td><td>≥10</td></tr>
<tr><td colspan="2">pH</td><td colspan="2">5.5～9.0</td><td colspan="2">5.5～8.5</td></tr>
<tr><td colspan="2">含水率/%</td><td colspan="2">≤60</td><td>≤40</td><td>≤65</td></tr>
<tr><td colspan="2">总养分/%</td><td colspan="2">≥3</td><td>≥3</td><td>≥1</td></tr>
<tr><td colspan="2">粒度/mm</td><td colspan="2">≤10</td><td colspan="2">≤10</td></tr>
<tr><td rowspan="7">安全指标</td><td rowspan="6">重金属/（mg/kg）</td><td></td><td>A 级</td><td>B 级</td><td>酸性土壤</td><td>中、碱性土壤</td></tr>
<tr><td>As</td><td>≤30</td><td>≤75</td><td>≤75</td><td>≤75</td></tr>
<tr><td>Cd</td><td>≤3</td><td>≤15</td><td>≤5</td><td>≤20</td></tr>
<tr><td>Cr</td><td>≤500</td><td>≤1 000</td><td>≤600</td><td>≤1 000</td></tr>
<tr><td>Hg</td><td>≤3</td><td>≤15</td><td>≤5</td><td>≤15</td></tr>
<tr><td>Pb</td><td>≤300</td><td>≤1 000</td><td>≤300</td><td>≤1 000</td></tr>
<tr><td colspan="2">病原体/%</td><td colspan="4">蛔虫死亡率≥95，无传染性病菌</td></tr>
<tr><td colspan="3">腐熟度要求</td><td colspan="4">种子发芽指数≥70%</td></tr>
<tr><td colspan="3">施用量及频率</td><td colspan="2"><7.5 t/（hm^2•a），连续用<10 年</td><td colspan="2"><30 t/（hm^2•a），连续用<10 年</td></tr>
</table>

注：（1）农用 A 级泥质指可用于蔬菜、粮食作物及果树、油料作物等经济作物；农用 B 级泥质禁用于蔬菜和粮食作物，可用于果树、油料作物和其它经济作物。

（2）园林绿化用和土地改良用的泥质营养指标不尽相同，而安全指标是相同的，只是土壤酸碱性不同，则安全指标不同。

（1）静态高温好氧发酵概念

市政污泥堆肥工艺一般采用静态高温好氧发酵技术，它是在一定温度、湿度、酸碱度以及有氧条件下，通过好氧微生物代谢过程的生化降解作用处理市政污泥，使污泥中不稳定的有机物转化为稳定的腐殖质；好氧微生物代谢过程产生的热量可使堆肥物料层温度升高至 55℃以上，可有效杀灭污泥中病原菌、寄生虫卵及杂草种籽而达到无害化目的，并使污泥水分蒸发，最终达到污泥减量化、稳定化、无害化的处理目的，堆肥产品实现污泥再生利用的目标。

市政污泥堆肥工艺技术既要把握污泥的组成，尤其不允许任一重金属元素含量超过土地利用标准限值，又要满足好氧微生物对物料碳氮比、水分含量、酸碱度以及颗粒大小的要求，为此需要加入一定量的调理剂（调节污泥的碳氮比和水分含量）和膨胀剂（调整污泥的通气性——孔隙度）；然后将它们均匀混合进行好氧发酵。在好氧发酵过程中，市政污泥中的可溶性有机物质和不溶有机胶体物质，分别被好氧微生物直接吸收或不溶有机物质被微生物分泌的胞外酶分解成可溶性有机物再吸收，然后通过微生物自身的生命活动，把吸收的可溶性有机物，一部分分解代谢而被氧化成 CO_2、H_2O、NH_4^+、PO_4^{3-}、SO_4^{2-}等无机物和能量，另一部分由合成代谢而转化合成新的细胞物质，繁殖新的微生物。市政污泥好氧发酵的最终产物是腐殖质及渗滤水，同时有水蒸气、CO_2、NH_3 等废气排出，并有热量释放。

（2）市政污泥高温好氧发酵的主要技术措施

虽然好氧堆肥工艺技术比较成熟，但由于市政污泥含水率高，碳氮比低，结构通气性较差的特性，用作好氧堆肥的污泥，必须进行调质预处理，主要是采取如下技术措施调节含水率和碳氮比，改善透气性：

1）选择合适的调理剂，调整污泥的含水率和适当的碳氮比，如含水率低而碳氮比高的秸秆（干玉米秸秆、油菜秆、干蘑菇渣等）可以调节发酵物料的含水率在 50%～60%，碳氮比在 25∶1～30∶1。

2）选择恰当的蓬松剂（如秸秆、蘑菇渣），来调整污泥的通气性，改善污泥的物理性状，增加物料孔隙度。上述农作物秸秆和蘑菇渣既是调理剂，又是蓬松剂。

3）建立合适的通风系统，控制物料层适宜的温度和氧浓度。

4）四川省城镇污水处理厂排出的脱水污泥 pH 在 5.51～6.92，平均值为 6.12，需适当调控物料酸碱度达微碱性。

（3）市政污泥好氧堆肥的工艺流程及其各环节说明

市政污泥高温好氧堆肥工艺技术包括四个过程，即①前处理；②一次发酵；③二次发酵；④后处理，其详细工艺流程如图 5-1 所示。

好氧发酵过程各环节说明：污泥好氧发酵过程主要包括前处理、好氧发酵过程及后处理三个部分。

1）前处理

城镇生活污水处理厂出厂的脱水污泥一般含水率高达 75%～85%，有的加石灰做助凝剂的脱水污泥 pH 高达 11～13（强碱性），加之脱水污泥结构紧密，通气性差，因此在进行高温好氧发酵前，必须做前处理，包括含水率、碳氮比、孔隙度及 pH 调整，为此，应用合适的调理剂来调节污泥的含水率和碳氮比；选用恰当的膨胀剂（蓬松剂）来调整污泥的孔隙度，而且污泥与调理剂必须均匀混合。可以说，前处理所作“三调”“一匀”是市政污泥高温好氧堆肥成败的极为重要的技术措施。

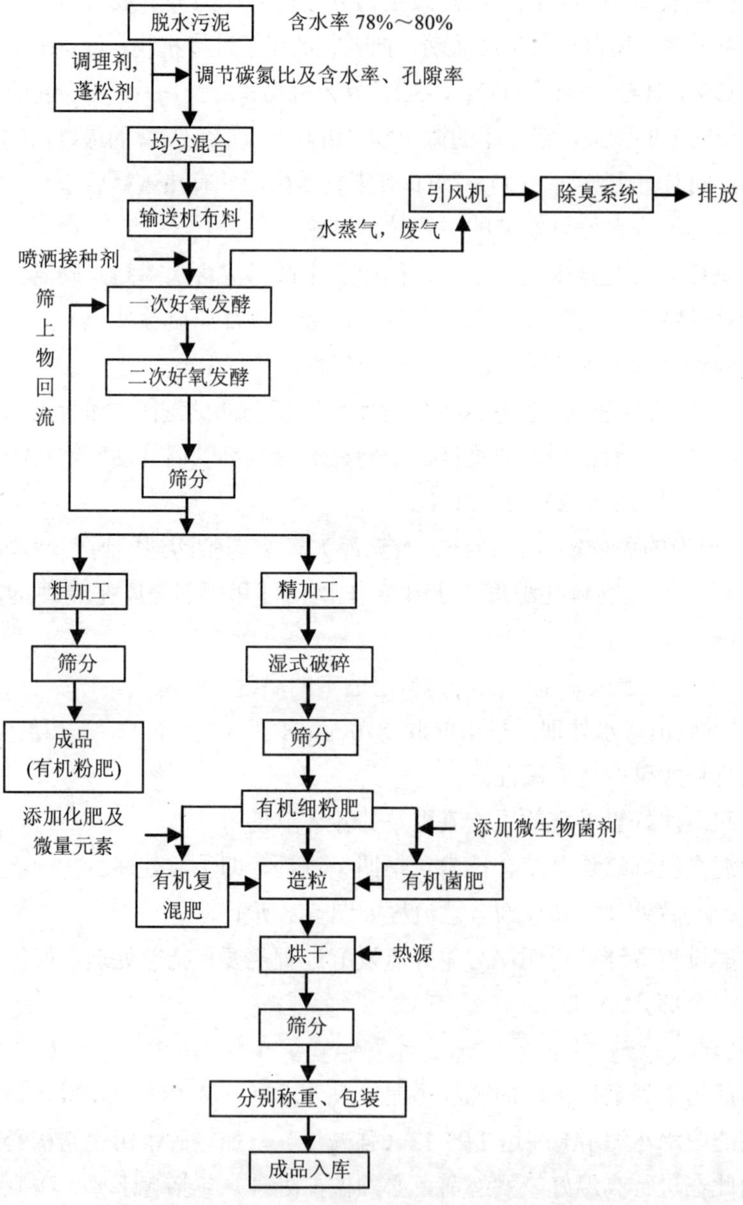

图 5-1 市政污泥高温好氧发酵工艺流程

①脱水污泥含水率调整

出厂的脱水污泥含水率通常在 78%～80%，呈半固态泥状物质，结构紧密，通气不畅，易导致厌氧发酵而使堆层温度急剧下降，影响好氧发酵。为了保证高温好氧发酵顺利进行，必须将出厂的脱水污泥含水率调整到 50%～60%（最佳值为 55%）。

·采用机械脱水方式调整污泥含水率，工程上可以选用广州绿由公司生产的“泥水一体化板框压滤机”或“复洁低温真空脱水干化压滤机”，前者可将湿污泥含水率调整到 55%以下；后者可将污泥脱水到所需含水率，甚至 20%左右。

·利用农作物秸秆进行含水率调节。

污泥含水率调整可利用下式进行：

$$M=\frac{W_{\mathrm{m}}-W_{\mathrm{a}}}{W_{\mathrm{b}}-W_{\mathrm{m}}}$$

式中，M——调理剂与污泥的重量比（湿重）；

W_{m}——堆料（污泥+调理剂）含水率，以 55%计；

W_{a}——调理剂含水率，%；

W_{b}——污泥含水率，%。

假设选用玉米秸做调理剂（含水率 20%），而脱水污泥含水率为 78%，堆料含水率取 55%，100kg 污泥进行堆肥，则代入上式，便可算出玉米秸应为 152 kg。

$$x/100=\frac{55\%-20\%}{78\%-55\%}=1.52$$

也就是说含水率 78%的污泥 100 kg 用 152 kg 切碎玉米秸，可将堆肥物料含水率调整到 55%。

表 5-2 农作物秸秆含水率、TS、VS 单位：%

原料	干稻草	干麦秆	干玉米秸	干高粱秸	干大豆秸	干花生秸
含水率	17.0	18.0	20.0	10.2	10.3	11.6
TS	83.0	82.0	80.0	89.8	89.8	88.4
VS	84.0	83.2	89.0	81.9	85.5	—

·用堆肥成品回流的方法调整脱水污泥（含水率 78%～80%）的含水率，同时还可以调整物料 pH 和进行接种。

堆肥成品回流量以脱水污泥：堆肥成品=1：（2～3）

②脱水污泥的碳氮比调节

脱水污泥含丰富有机质和N、P，其碳氮比过低，影响堆肥过程微生物的活性，必须进行碳氮比调节，达到碳氮比为25∶1～30∶1。

污泥碳氮比调节方法：常用秸秆、蘑菇渣、鸡舍辅料等做调理剂，同时起着膨胀剂作用。污泥碳氮比调配公式为：

$$K=\frac{C_1W_1+C_2W_2}{N_1W_1+N_2W_2}$$

式中，K——堆肥物料适宜的碳氮比，取值30∶1；

C_1、N_1——分别为调理剂含碳量和含氮量，%；

C_2、N_2——分别为脱水污泥含碳量和含氮量，%；

W_1——调理剂重量，kg；

W_2——脱水污泥重量，kg。

试以玉米秸做调理剂，它含碳量为42.17%，氮量为0.74%，设取100 kg脱水污泥进行好氧发酵，污泥含碳量为21.21，含氮量为3.03，则玉米秸需要量计算如下：

$$W_1=\frac{K\cdot(N_2W_2)-C_2W_2}{C_1-KN_1}$$

$$=\frac{30\times3.03\times100-21.2\times100}{42.17-30\times0.74}$$

$$=349.02\ \text{kg}$$

工程上市政污泥好氧堆肥的调理剂/膨胀剂配方：

- 市政污泥30%～40%+秸秆60%～70%；
- 市政污泥50%+蘑菇渣50%。

表5-3 堆肥材料成分及碳氮比

原料	干稻草	干小麦秸	干玉米秸	干油菜秸	初沉污泥	剩余活性污泥	混合污泥
C	38.32	42.0	42.17	41.8	29.6	36.96	21.21
N	0.63	0.63	0.74	0.76	3.03	7.7	3.03
C/N	61∶1	67∶1	57∶1	55∶1	9.8∶1	4.8∶1	7∶1
含水率	17.8	4.30	—	6.20	78	78	78

③脱水污泥 pH 调节

如果污泥在脱水时添加了消石灰[$Ca(OH)_2$]做助凝剂，结果使脱水污泥的 pH 增大到 11～13，这是不宜用于好氧堆肥的，对于比较高 pH 的脱水污泥进行堆肥时，工程上一般用堆肥成品以 1∶1 体积比的添加量予以均匀混合就可以了。不过，目前工程常用有机合成物聚丙烯酰胺（PAM）做絮凝剂，这种脱水污泥用作好氧堆肥，不存在物料 pH 调整问题。

④粒度调整

脱水污泥一般呈片状团块，比较密实，通气性差，必须用膨胀剂（如农作物秸秆、蘑菇渣等）将混合物料的粒度调整到 1～2 cm，方可用于好氧发酵。

⑤接种

脱水污泥中已有发酵微生物，好氧堆肥时一般不必接种也能发酵。但使用机械装置进行快速好氧发酵，则必须接种，为此可用 20%～30%（体积分数）成品回流量就可达到接种目的。

不过，为了提高发酵率，也可用特种菌种（如 EM 菌剂、“速腐宝”等）进行接种。中国农科院土肥所生产的“速腐宝”发酵菌种，在堆肥物料中添加 3‰，堆层温度可在 12～24 小时内上升至 50℃，可缩短高温发酵 3～5 天。

2）好氧发酵过程

脱水污泥的好氧发酵过程经历四个阶段和两次发酵，其中四个阶段是指好氧发酵的中温阶段、高温阶段和降温阶段及腐熟阶段。前两个阶段属于主发酵阶段，即所谓一次发酵；后两个阶段为二次发酵，每个阶段都有不同菌群（细菌、放线菌、真菌）活动，它们利用各阶段的发酵产物作为食物和能量来源。

①一次好氧发酵

一次好氧发酵过程包括中温阶段和高温阶段，现分述如下。

• 中温阶段（也称升温阶段）

污泥经过前处理后使柔软黏结状变成疏松土状的混合物料（简称“堆料”），由斗式提升机投放到专用输送机上，送入发酵装置，强制通风，在好氧发酵过程中，堆料温度逐渐上升，由常温升至 45℃，称中温阶段，也称好氧发酵初期阶段，费时 2～3 天，这阶段污泥混合料中易降解有机物含量高，是嗜温菌（细菌、芽孢菌、霉菌为主）生长繁殖旺盛期，这时期它们一方面吸收、分解市政污泥中的溶解性有机物（如糖类、淀粉类），产生 CO_2 和 H_2O，并释放热量；另一方面又利用市政污泥中溶解性有机物的营养物质，不断生长繁殖，由于释放的热量超过微生物细胞合成所需的热量，加上堆层物料的保温作用，使堆层温度不断升高，当温度升至30～40℃时，非常适合嗜温菌生长。

• 高温阶段

随着好氧发酵的进展，堆层温度连续上升至45℃以上，好氧发酵进入高温阶段，当堆层温度达到45～65℃，这时最适合嗜热菌生长繁殖，而嗜温菌休眠而活性受抑制，嗜热菌（主要是嗜热真菌和放线菌）却十分活跃，它们不仅继续分解转化残留的溶解性有机物（糖类和淀粉类），而且使半纤维素、纤维素及蛋白质等复杂有机物开始强烈分解，堆层腐殖质逐渐增多。高温好氧发酵阶段的堆层温度维持在60～70℃达3～5天，即可杀灭病原菌和寄生虫卵，达到无害化目的（见表5-4）。堆层温度不可大于70℃，否则嗜温菌不是休眠，便是大量死亡；嗜热菌也显得不适应。

表5-4 各种致病菌、寄生虫卵的致死温度与时间

名 称	致死温度/℃	所用时间/min	名 称	致死温度/℃	所用时间/min
蝇 蛆	51	1	霍乱菌	55	30
蛔虫卵	50～55	5～10	口蹄疫菌	60	30
钩虫卵	50	3	稻热病菌	51～54	10
蛲虫卵	50	1	小麦黑稻病菌	54	10
痢疾杆菌	60	10～20	猪瘟病虫	50～60	迅速
伤寒杆菌	60	10	二化螟虫	60	1
大肠杆菌	55	60	畜病虫卵和幼虫	50～60	1
结核杆菌	60	30	小豆象虫	60	4
炭疽杆菌	50～55	60	谷象虫	50	3
猪丹毒杆菌	50	15			

一次好氧发酵过程历时7～8天，整个过程必须强制通风，目的是为了供氧、去除水分和散热。好氧发酵的中温阶段（初期阶段）和高温阶段（中期阶段）所需的氧浓度是不同的，因此这两阶段通风量也不同。显然好氧发酵过程不同阶段通风量控制很重要。初期阶段如果通风量过大，则好氧发酵过程产生的热量被大量带走，则将降低嗜温菌活性，导致生化降解反应速度减小；反之，如果通风量过小，带走热量少，长时间保持高温，供氧又不足，这将使堆层发生厌氧发酵，导致好氧发酵初期阶段有机物降解量减少。好氧发酵进入中期阶段，在保持3～5

天高温状态后，可适量加大通风量，以利于去除堆层内水蒸气和降温。为此，风机运行时应注意观察，记录风量、风压等主要运行参数，以便适时调整风量，保证好氧发酵过程供氧和调整温度。

好氧发酵过程供氧、去除水分及散热所需通风量，可分别按以下公式计算：

a. 供氧所需风量（V_1）计算公式

$$V_1 = \frac{a \cdot q_1 + b \cdot q_2}{F}$$

式中，V_1——生化降解有机物所需风量，m^3/d；

a——污泥中生物可降解有机物需氧量，取值 1.0～4.0 kg（O_2）/kg（干污泥），典型取值为 2.0 kg（O_2）/kg（干污泥）；

b——调理剂中生物可降解有机物的需氧量，取值 0.5～3.0 kg（O_2）/kg（干基）；

q_1——每日处理污泥生物可降解有机物量（kg（干基）/d），COD_{Cr} 量代替；

q_2——每日添加调理剂中生物可降解有机物量，kg（秸秆）/d；

F——常数，指标准状态下 0.1 MPa，20℃时每立方空气含氧量，取值 0.28。

b. 去除水分所需风量（V_2）计算公式

$$V_2 = \frac{M_w}{(H_0 - H_1) \cdot \rho_0}$$

式中，V_2——好氧发酵过程去除水分所需风量，m^3/d；

M_w——除湿所需气量；

H_0——进入发酵堆体的空气湿重，kg$_{(H_2O)}$/kg（干空气）；

H_1——排出发酵堆体外的空气湿重，kg$_{(H_2O)}$/kg（干空气）；

ρ_0——空气密度。

c. 散热所需风量（V_3）计算公式

$$V_3 = \frac{m_{air}}{\rho_0}$$

式中，V_3——好氧发酵过程散热所需风量，m^3/d；

m_{air}——散热所需风量；

ρ_0——空气密度。

d. 好氧发酵过程的通风方式有强制通风（或强制抽风）和翻堆进行自然通风。如果采用强制通风，通常通风量保持每吨堆肥物料每小时供风 3 m^3（即每分钟 0.05 m^3）。

e. 好氧发酵不同阶段的耗氧速度是不同的，通常好氧发酵开始时耗氧速率大，堆层固体之间的氧只需 30 min 左右就耗尽，也就是说好氧发酵初期阶段必须 30 min 左右通风一次或翻堆一次，其依据是每立方厘米堆体含氧量（q_{O_2}）为 2.78×10^{-8}mol/（$cm^3\cdot h$），而好氧发酵过程生化降解反应氧的消耗率（R_{O_2}）为 5×10^{-8} mol/（$cm^3\cdot h$），因此堆体中单位体积所含氧量消耗尽所需时间为 $q_{O_2}/R_{O_2}=2.78\times10^{-8}/5\times10^{-8}=0.556$ h，即 33.4 min。

根据嗜热菌的活性特点，可以将嗜热菌在高温阶段的生长繁殖过程分成三个时期，即对数增长期、减速增长期和内源呼吸期，现分别阐述如下：

· 对数增长期——这是指好氧发酵系统中可降解有机物较丰富，营养物质足以满足嗜热菌生长繁殖需要而呈对数迅速增长，其增长速度与温度和供氧量有关，与有机物浓度无关。

· 减速增长期——随嗜热菌不断降解消耗堆料中有机物，使好氧发酵系统中营养供给不足，限制了嗜热菌生长繁殖，于是使嗜热菌转入减速增长期，这期间嗜热菌增长速度与发酵系统中剩余的营养物质含量成正比。

· 内源呼吸期——随着发酵系统中有机物几乎耗尽，已难以维持嗜热菌生命而进入内源呼吸期，这时发酵系统微生物量不断减少，也表明发酵系统中有机物基本上被生化降解而形成腐殖质，这是市政污泥好氧发酵最终产物。

②二次好氧发酵

二次好氧发酵过程包括降温阶段和腐熟阶段，现分别叙述如下。

· 降温阶段

当高温持续一段时间后，随着微生物活动减弱，温度下降，其中易腐熟物质已腐熟，由于市政污泥进行好氧发酵需添加难降解的调理剂和膨胀剂，这些辅料中所含难降的粗纤维素和木质素经一次好氧发酵后，尚有未分解的有机物，这些残余难降解有机物和新形成的腐殖质，氧化分解产生的热量减少，好氧发酵系统进入降温阶段，亦即二次好氧发酵阶段。

· 腐熟阶段

堆层温度下降，相应地嗜热菌活性降低；当堆层温度从 60～70℃下降至 40℃左右，嗜温菌再度占优势，它们进一步分解残余的有机物，堆层中腐殖质不断增多，直到污泥完全腐熟而趋于稳定状态，故称二次好氧发酵腐熟阶段。由于难降解有机物的氧化分解反应慢，因此腐熟阶段好氧发酵周期较长（12～15天），如果一次发酵后残余的主要是木质素和粗纤维素为主的有机物，则二次好氧发酵要达到完全腐熟，往往需要2～3个月。好氧发酵系统在此阶段降温过程中需氧量大大减少，堆层含水率也降低，同时发酵产物（腐殖质）孔隙度加大，堆层中氧扩散能力增强，因此该阶段不需要通风便可满足发酵的需氧量。这时保持厌氧条件，可防止堆肥产物肥效流失。

市政污泥进行二次好氧发酵十分必要，如果经一次好氧发酵生产的未腐熟堆肥产品施用于农田，由于未降解的残余有机物碳氮比过高，这些残余有机物进一步分解将消耗土壤中氮素而使土壤缺氮，这将阻碍植物生长，因此必须进行二次好氧发酵，以降解一次好氧发酵未降解的残余有机物，使其转化为腐殖质等稳定的有机物——完全熟化的堆肥产品。若还有未降解的纤维素和木质素，可过筛回流作一次好氧发酵的调理剂/膨胀剂。

3）除臭

堆肥过程的有效除臭控制是衡量堆肥厂成功运转的一个重要标准，其除臭措施可根据臭味来源，建立适当的臭味收集和处理系统。控制臭味的最常用综合措施是封闭堆肥设施，负压抽气，并配以生物过滤器。

4）后处理

后处理分两种，一种仅仅是粗加工，另一种是精加工。

①粗加工

粗加工是指二次好氧发酵后的完全腐熟堆肥产品，经筛分去除未分解的秸秆回流做待处置污泥的膨胀剂。筛下物经包装做有机粉肥出售。

②精加工

市政污泥堆肥腐熟的产品多为粒状、大小不一，并有残余调理剂/膨胀剂，必须进行湿式破碎，并通过筛分调整粒度和去除杂质，为此可选用孔径≤10 mm的振动筛进行筛分，筛上物可作含水率调整和接种的回流物；筛下物作为堆肥成品精加工基料，然后添加化肥及农作物需要的微量元素，配制成有机复混肥；或者添加微生物菌剂，配制成有机菌肥，经造粒、烘干、再筛分，最后称重包装，成品入库待售。注意：包装忌用密封塑料袋，宜用通气好的材料，否则易产生霉气。

（4）好氧发酵过程的主要影响因素

市政污泥好氧发酵过程的主要影响因素是污泥的性质和好氧发酵过程的工艺

条件，二者直接影响污泥堆肥产品的质量。

1）市政污泥的性质

市政污泥的性质主要是指污泥中的有机质含量、碳氮比、碳磷比、含水率及有毒有害物质的含量（主要是重金属元素含量）。

①有机质含量

污泥中有机质含量20%～80%均可堆肥，不过如果污泥有机质含量小于20%，由于不能提供足够的热能满足嗜热菌生长繁殖，也就难以维持高温好氧发酵；但若污泥中有机质含量大于80%，则好氧发酵过程需要大量供氧，可是在工程实践上往往供氧不足，易发生厌氧过程。

②碳氮比和碳磷比

碳和氮是微生物生命活动和细胞合成的重要能源和原料，而微生物活性大小却是污泥中有机物降解和转化形成腐殖质和有机酸的关键，也是影响堆肥产品质量的关键。为此，必须控制市政污泥的碳氮比达适宜值，以确保微生物旺盛的活性，使其能顺利、高效地降解和转化污泥中的有机物。

市政污泥经过前处理调理后的碳氮比值达适宜值（20～30）∶1。碳氮比不可过高，若过高便表明堆料中氮不足，则微生物生长受限制，有机物降解速度缓慢，好氧发酵周期长；若碳氮比过低，表明堆料中碳不足，氮过量，则好氧发酵过程氮将以NH_3形式逸出，不仅造成环境恶臭，而且堆肥产品中氮不足，将影响农作物生长。

碳磷比也影响微生物活性，因为磷是微生物核糖核酸（DNA）的核心，也是微生物必需的微量元素，好氧发酵过程物料中碳磷比应保持在（75～150）∶1。

③含水率

好氧发酵过程嗜热菌的生长以及对堆体氧含量的要求，都是在堆料含水率为50%～60%时达到峰值，因此市政污泥好氧发酵适宜的含水率为 50%～60%（以55%为佳），而从城市生活污水处理厂排出的脱水污泥含水率一般为75%～85%，因此市政污泥用作堆肥时，必须进行水分调整，将堆料含水率调整到50%～60%。

④有毒有害物质

生活污水经生物处理过程产生的污泥中，重金属将会被生物浓缩约5 000倍，不过正常情况下污泥中重金属不会影响污泥堆肥过程，但若重金属含量超标，则不能用于堆肥处置，因为这种污泥的堆肥产品不能农用。

2）好氧发酵过程的工艺条件

好氧发酵过程的工艺条件包括通风量、温度以及酸碱度控制。

①通风量控制

高温好氧发酵需要强制通风，但好氧发酵的不同阶段，鼓风量的控制是不同的，因为好氧发酵的不同阶段，通风的目的是不同的。

• 中温阶段（初期阶段），污泥混合料中易降解有机物含量高，嗜温菌活跃，可溶性有机物（糖类、淀粉等）生化反应（氧化分解）剧烈，堆层温度迅速上升，为维持嗜温菌活性，也为避免带走堆层热量，一般通风量保持 220～250 L/（t • min）[0.22～0.25 m^3/（t • min）]，通风量不可过大，否则好氧发酵过程产生的热量大部分被带走，这将降低嗜温菌活性，导致有机物生化降解速度减小；反之，倘若通风量过小，带走热量少，堆层长时间保持高温而造成供氧不足，这将促使堆体厌氧发酵，有机物降解量减少。

• 高温阶段（中期阶段），堆体温度由 45℃逐渐上升到 60℃，这时嗜温菌受抑制（温度 60℃左右进入休眠，大于 70℃则大量死亡），而嗜热菌（嗜热真菌和放线菌）却十分活跃，它们继续分解转化残余的可溶性有机物，同时使半纤维素、纤维素及蛋白质等复杂有机物开始强烈分解转化，因此在维持 3～5 天高温状态（55～60℃），必须继续通风。为了使堆体温度不超过 70℃，当堆层温度达到 60℃左右，应及时加大风量散热和去除水蒸气，使堆层保持在 60℃左右达 3～5 天，然后停止通风。

• 降温阶段（后期阶段），即进入二次好氧发酵阶段，停止通风，让堆体温度逐渐降温，直至达常温，并继续维持到完全熟化为止。堆料完全熟化时间为 30 天。

②温度控制

市政污泥中的微生物种类杂，数量多，而不同种类和不同数量的好氧微生物适应的温度条件是不同的，各种微生物都有其适应的温度范围，如嗜温菌适应常温至 45℃，嗜热菌适应 45～65℃，因此堆体温度直接影响好氧微生物种类和活性，也就直接影响好氧微生物降解堆料中有机物的速度。此外，控制堆体温度也是为了控制好氧堆肥质量，杀灭原污泥中病原菌和寄生虫卵。通过在线监测堆体温度来控制污泥好氧发酵过程的温度；堆体中温度高低主要通过通风量的控制，尤其在好氧发酵的高温阶段，通风量控制特别重要，应及时调整风量，使堆体保持 55～65℃达 5 天。当好氧发酵后期阶段则停止通风，在不通风情况下，堆层温度保持常温状态堆放 20～30 天。

③酸碱度控制

市政污泥的 pH 一般在 7.2 左右，通常不必进行 pH 调整，但若选用添加消石灰脱水的污泥进行好氧发酵时，必须对堆料作 pH 调整，将堆料的 pH 从 11～12 调低到 7～8。

（5）市政污泥好氧发酵的工艺参数

市政污泥好氧发酵过程正常运行的工艺参数列于表 5-5，现分别叙述如下。

表 5-5 市政污泥好氧发酵的工艺参数

指 标	参 数	
	一次发酵	二次发酵
堆层含水率	50%～60%（55%为佳）	≤20%
碳氮比	（25～35）：（30：1 为佳）	<20：1
通风量	0.22～0.25 m^3/[t（堆料）·min]或 0.14～0.17m^3/[m^3（堆料）· min]	不通风
风 压	500 mm 水柱	—
堆层温度	55～65℃，维持 3～5 d	40℃～常温
发酵期	6～8 d（其中中温 1～2 d，高温 3～5 d）	30～50 d
最终指标	堆料减容>25%，无恶臭	二次发酵终止时，充分腐熟

1）处置规模——湿污泥处置量视工程需要而定，小型设为≤50 t/d；中型为 50～100 t/d。

2）湿污泥特性

①湿污泥含水率 78%～80%，进发酵槽（仓）前应将脱水污泥 78%～80%的含水率调整至 50%～60%，以 55%为佳。

②可腐有机质（即挥发性有机质）含量≥35%，以 40%～60%为佳。

③碳氮比调整为（25～35）：1，以 30：1 为佳。

④物料 pH 达 6～8，不得<4 或>9。

⑤物料粒度≤ϕ50 mm。

3）一次好氧发酵通风量控制在 0.1～0.2 m^3/（t · min），保证堆体中氧浓度为 10%～50%。

4）无害化指标

①好氧发酵温度 55～65℃，持续 3～5 天，一次好氧发酵 5～8 天；

②大肠杆菌值 10^{-1}～10^{-2}/ml，其它病原菌全杀灭；

③蛔虫卵死亡率达 95%～100%，其它虫卵杀灭；

④堆肥车间及周围无活的蛆或新羽化的成蝇，有效控制苍蝇孳生；

⑤无恶臭。

5）好氧发酵周期

①一次发酵（包括中温阶段 2～3 d，温度不得低于 15℃）和高温阶段（大于（等于）5 d，温度不得高于 70℃），一次发酵周期 8 d 以上。

②二次发酵（降温阶段/准好氧后熟阶段）二次发酵周期大于（等于）30 d。

6）市政污泥熟堆肥质量（以干基化为准）

①造粒粒度；

②pH 6.5～8.5（pH＞6.5，堆肥中重金属含量达标）；

③堆肥产品堆放时含水率小于（等于）30%（干燥状态）；袋装时产品的含水率应小于 20%；精加工烘干造粒含水率 10%；

④减容率大于 25%；

⑤有机质 30%±5%（干基），氮 2%，磷 0.8%，钾 1.5%（氮+磷+钾≥4.3%）；

⑥重金属含量符合农用标准，且不含有机碱、氰化物、多氯联苯（PCB 应达允许标准）；

⑦碳氮比＜20，若碳氮比＞20，则堆肥产品施入土壤，由于微生物将摄取土壤中 NH_3-N/NO_3-N，这将使农作物陷入“氮饥饿”状态；

⑧腐熟（见腐熟度评定）：外观茶褐色或黑褐色，质地疏松，无恶臭，具泥土芳香味。

（6）堆肥腐熟度评定

堆肥腐熟度是指堆肥产品的稳定程度，它在工程上是衡量好氧发酵过程生物化学反应是否已完成的信息，在农用上则为堆肥质量的指标。评定堆肥腐熟度可通过观感和仪器测定予以解决。

1）观感

这是直观的经验方法，当堆肥产品已充分腐熟，它就呈棕色或暗灰色，具霉臭的土壤气味，且无明显的纤维。不过，观感方法缺乏统一标准，因人感觉而异，但却较简便。

2）仪器测定

采用气氧测定仪或 CO_2 测定仪，测定堆体中 O_2 或 CO_2 浓度在单位时间内的变化值，当耗氧量峰值趋于稳定，或 CO_2 生成率峰值趋于稳定，表明堆肥已腐熟。

（7）静态高温好氧发酵的主要装置与设备

1）好氧发酵系统的主要装置和设备

①好氧发酵装置

• 发酵仓（仓式堆肥）

仓式静态好氧发酵为一次性发酵，即一次发酵（包括中温阶段和高温阶段）和二次发酵（降温阶段）同在一个发酵仓内进行。

发酵仓通常采用立体装置，其形状有四种：立式多段发酵仓、筒仓式发酵仓、卧式旋转发酵仓和卧式敞口发酵仓，各种发酵仓性能比较列于表 5-6。

表 5-6 各种发酵仓性能比较

发酵仓	立式多段	筒仓式	卧式旋转	卧式敞口
处理能力	大	中～大	小	中
占地面积	小	中	大	中
操作性能	一般	一般	容易	容易
排气处理	容易	容易	容易	困难
动力费	低	低	中	中
建设费	高	中	小	中

建议市政污泥好氧发酵处置采用立式多段发酵较适宜，尽管建设费用高，但处置能力大，占地面积小，动力费用低，属节能环保设施。立式多段降落门式发酵仓呈四方形，内部通常分隔 5～10 层，脱水污泥经前处理后，混合物料从顶部投入，通过开闭阀门依次从上一层一层下落，使堆层发生移动和搅动，直至抵达最底层腐热成品排出。鼓风机将空气强制送入各层，通过气孔进入堆料中，排出的废气统一收集于净化塔进行处理后排放。

• 发酵槽（槽式堆肥）

槽式静态好氧发酵采用二次发酵工艺，在大篷内槽式好氧发酵装置设计长 50 m，宽 2 m，高 1.5 m；发酵槽并排布设 5～10 个，发酵槽之间设供翻堆机行车或人行的过道，宽 0.5 m。大篷槽式好氧发酵装置的设置见图 5-2。

图 5-2 强制通风槽式静态好氧发酵设施布置

从图 5-2 可以看出，厂内全封闭槽式静态好氧发酵采用强制通风机输送空气供气，当堆层温度达高温后用翻堆机对堆料进行翻动。强制通风布置的通风管道置于堆场地表或地沟内，通风方式可采用正压或负压通风，通风量 9～15 m^3/（h • t）（干基），实际通风量据实调整；通风管道间距以控制整个料堆保持温度均匀为宜。通风系统的设置是决定好氧发酵系统是否正常运行，也是控制堆层温度的主要手段，其作用既为微生物降解有机物供给足够的氧气，又是去除 CO_2、NH_3 等气体、蒸发水分并散热的重要手段。堆层水分蒸发是散热的主要途径。

发酵槽只供一次好氧发酵，一次好氧发酵完成后，初步腐熟堆料移入另外设置的发酵场地进行二次发酵。

• 条垛（条垛式堆肥）

将经过预处理（市政污泥与破碎秸秆均匀混合并添加接种剂）的物料堆成梯形细条堆垛，一次好氧发酵的堆垛呈上底宽 750～1 000 mm，下底宽 1 200～3 000 mm，高 1 000～1 500 mm，每天翻堆 2～3 次，自然通风。温度控制在 40～65℃，一次好氧发酵周期宜为 21～28 天。二次好氧发酵的堆垛呈上底宽 1 500 mm，下底宽 3 000 mm，高 1 800 mm，每天翻堆 1～2 次。二次（熟化阶段）发酵周期宜≥30 天。

条堆式场地以混凝土铺设，结实为准，且有坡度（1%～2%）以利于渗滤液导排。此外，应布设排水沟和集液地，分别收集雨水和堆料渗滤液，堆场上面应设遮挡棚，即钢架 PVC 雨棚。

条垛式堆肥优点是设备简单，能耗低，熟化时间短，易干燥，泥质稳定；缺点是占地面积大，受气候和天气影响大，存在恶臭问题。条垛式发酵工艺适用于中小型规模污泥的处理（≤40 t/d）。

②好氧发酵系统的主要设备

好氧发酵系统需要混合破碎设备（粉碎机、匀拌机），进料输送和铺料设备（进料输送机和进料小车）、翻堆机、出料设备（出料输送机及螺杆出料机）、供氧设备（通风机和通风道）、监测设备以及自动控制操作系统。现分述如下：

· 混合破碎设备

粉碎机和切割机——粉碎机和切割机可根据处理对象的性能、维护要求、投资和运行费等条件进行选用。

匀料机——混合设备如搅拌机、转鼓混合机等物料混合是否均匀将直接影响好氧堆肥过程，是重要设备之一。

筛分机——通常选用振动筛，筛眼大小以 5～10 mm 为宜。

· 进料——铺料设备（输送设备）

如带式输送机、刮板输送机、螺旋输送机、平板输送机和气动输送系统。选择何种输送设备主要根据物料的质量、体积、密度、含水率等特性以及输送路线和距离、输送机性能和参数，输送机投资和运行费等来选择输送设备。

进料输送机——它接受斗式提升机来料，在它上面安装进料小车分送物料入仓。

进料小车——担负将物料分送各发酵仓的专用机械设备，它安装在卸料皮带输送机架上，可沿轨道纵向移动而将输送皮带上物料自动分别卸入各仓。小型污泥好氧发酵工程多采用铲车或人工布料。布料关键在于保证物料均匀。

· 出料设备

螺旋出料机——这是一种出料机械设备，它既可旋转运动，又可水平低速移动，通过螺杆转动和叶轮的水平低速移动，将仓内物料推送出仓。

皮带输送机——它接受螺旋出料机推送出来的腐熟堆肥产品，并将其送到有机肥料配制车间。

· 翻堆设备

主要有斗式装载机、跨式翻堆机、侧式翻堆机。翻堆设备和配备的移行车一起，主要用于翻抛堆体物料，以保证供氧和调整堆体结构，并使堆体温度均匀。翻堆机工作参数宜 250～300 m^3/m，操作宽度不宜超过 5 m，最大翻堆深度为 2 m，行走速度 1.5 m/min。

· 供氧设备

采用强制通风方式供氧，多选用罗茨风机，包括：

通风机组——一台高压鼓风机（型号 9-26N25A），风量 4 292～6 762 m^3/h，

风压 6 035～5 160 Pa，功率 N=15 kW。通风道置入仓底纵向上面，其上覆盖带孔的钢筋混凝土板，孔眼大小为 30 mm×140 mm，通风孔密度约 30%，通过风阀从仓底通风管道把风强制鼓入。通风方式主要根据堆体内温度分布状况，当底部温度大于顶部温度，则采用负压抽风；当底部温小于顶部温度，则正压抽风。

引风机组——一台引风机（型号 C6-481508C），风量 11 799～19 779 m^3/h，风压 1 472～1 108 Pa，也是通过风阀从仓底通风管道把风强制抽排出去。

翻堆机——槽式或条垛式堆肥的翻堆机可选用 F2000 型移动式翻堆机，保定利民机械厂生产，也可自制。陈化大棚内二次堆肥的翻堆机可选用东方红 F211 型装载机。

· 监测仪器装置

通常要配备温度、氧浓度、NH_3、H_2S 等的浓度在线监测仪器。仪器材料应选择耐腐强、高灵敏度、操作简便的金属类探头为主。

温度控制器——温度监测器探头分别置于物料堆体内的顶部、中心部和底部，每天采集和监控堆体各部位温度 3～5 次。

O_2 和 CO_2 分析仪——分析仪的探头置入堆内的适当位置（如堆体中部），每天监测 2～3 次堆体内瞬时 O_2 和 CO_2 含量。

转子流量计——连接风机和引风机，用控制风量和引风量。它根据堆层内温度和氧含量数值变化范围来调节风阀开度和启、停，以保证发酵仓内物料处于良好的发酵状态，从而有效地控制发酵工艺参数。

· 自控操作系统

包括操作平台、自动实时、精确地采集污泥好氧发酵参数（温度、氧浓度、酸碱度等）以及反馈控制软件。

2）制肥深加工及其主要设备

市政污泥经过前处理以及中温、高温、降温好氧发酵等过程完全腐熟后，进入制肥深加工系统，根据农业市场需求而决定肥料产品类型，包括有机复混肥、有机菌肥（也称活性有机肥）和腐殖土，其中有机复混肥应依据销售地区的土壤组成和农作物种类，配制普广肥和各种专用肥；有机菌肥在加入解钾菌、解磷菌等生物活性剂所生产的易吸收、高肥效的活性肥，用于绿色农业优质农产品的种植；腐殖土（干化的污泥堆肥产品）作为土壤改良剂用于贫瘠土壤改造、城市绿化及农业基肥。总之，市政污泥堆肥产品应做产、供、销对路。制肥深加工的主要设备包括湿式破碎机、干化设备、造粒机、筛分机、斗提机等，现分别介绍如下：

①湿式破碎机

市政污泥的腐熟堆肥含水率在30%左右，粒度大小不一，必须采用湿式破碎机进行破碎，为此可选用SF-400型破碎机，功率$N = 30$ kW。

②干化设备

有机复混肥/有机菌肥的含水率要求10%，要把腐熟堆肥含水率从30%降至10%，可选用FNZT型转筒干燥机，该机筒体直径1 200 mm，长度14 000 mm，转速3～6 r/min，最高进气温度600℃，电动机功率N = 15 kW，生产率为6.5～7.5 t/h（即52～60 t/d）。

③造粒机

一般采用圆盘造粒机，可选用SYH32圆盘造粒机，圆盘直径3.2 m，转速11.3 r/min，电机功率$N = 15$ kW，产量7～12 t/h（即56～96 t/d）。

④筛分机

主要用于有机复混肥粒度分级，可选用振动筛，规格ϕ1.5 mm×6，电机功率$N = 7.5$ kW，产量7～12 t/h（即56～96 t/d）。

⑤斗提机

主要用于有机粉肥和有机复混肥/有机菌肥的提升包装，可选用规格DT315斗提机，料斗呈Q形，斗容1.95 L，运输量28 m^3/h（即224 m^3/d），运行速度1.6 m/s，提升高度8.2 m，电机功率$N = 7.5$ kW。

（8）四川省内市政污泥静态高温好氧堆肥工程实例

四川省郫县唐元镇天星村由四川绿山生物科技有限公司建有好氧堆肥厂，占地200亩，处理规模100 t/d [以20%DS（干污泥，英文Dry Sludye的缩写，后同）计]，项目投资7 868万元。堆肥产品标以“土壤改良剂”有一定市场，但不畅销。

（9）市政污泥堆肥产物中重金属总量及其化学态量的变化

当开展市政污泥高温好氧堆肥处理时，研究堆肥产物中重金属总量及其化学态量变化，具有重要意义，经研究发现市政污泥经高温好氧堆肥后重金属总量均有降低（见表5-7），其中砷、镉、铬、汞、铅、铜、锌分别降低31%、14%、49%、42%、48%、29%、28%；但不同化学态含量却有不同变化，其中大多数重金属的水溶态含量下降，而呈腐殖质螯合态的量却明显增加，因为重金属离子具有强主极化力，在污泥好氧高温堆肥腐殖化过程，容易被腐殖质螯合而被强烈吸附，尤其Cd^{2+}和Pb^{2+}离子主极化力强，二者有一半以上呈腐殖质螯合态，可见腐殖质螯合重金属对市政污泥高温好氧堆肥产物中重金属含量分布起着重要作用，特别是腐殖质中的胡敏素和胡敏酸。这说明高温好氧堆肥对重金属有钝化作用。但不同学者研究结果却不同，认为高温好氧堆肥对重金属有活化作用。

表 5-7 市政污泥高温好氧堆肥产物中重金属总量变化 单位：mg/kg

成分	As	Cd	Cr	Hg	Pb	Cu	Zn	水分/%
原污泥	2.36	0.28	25.8	0.10	8.57	88.3	144	84.1
堆肥产物	1.62	0.24	13.2	0.058	4.48	62.7	104	61.1

此外，市政污泥高温好氧堆肥产物的不同粒级，重金属含量分布是不同的，其中最粗粒级（$\phi>2$ mm），重金属含量最低；最细粒级（$\phi<1$ mm，尤其$\phi<0.5$ mm）含量最高。由此可知，通过筛分去除最细粒级的堆肥产物，能达到堆肥产物中重金属含量达标的目的。

（10）市政污泥堆肥产物中重金属活性控制

这里主要讨论市政污泥高温好氧堆肥过程重金属活性控制问题。市政污泥堆肥产物中重金属如何被钝化，以便尽可能降低其生物有效性，这是污泥处理必须考虑的问题。目前控制污泥堆肥产物中重金属活性的方法主要是市政污泥与粉煤灰混合堆肥。

粉煤灰含丰富 CaO、MgO 及钠、钾、铁、钼、硼等，具强碱性（pH 8.0～12.8），据研究它既可用来调节市政污泥含水率，又可钝化污泥中重金属的生物有效性，可使污泥中重金属化学态由水溶态和离子交换态向碳酸盐结合态和残渣态转化，随着高温好氧堆肥的腐熟度增加，堆肥产物中的重金属则主要以残渣态存在，其中镉、铬、铅转化率达 80%～90%，铜达 50%、锌达 40%～80%。因此，当市政污泥中重金属含量略低于或略高于农用标准 A 级限值，可采用这种混合堆肥工艺处理市政污泥，促进污泥农用的可能。市政污泥的这种混合堆肥产物制成的肥料尤其适用于四川盆地丘陵地带紫色土耕地，它不仅可提高紫色土的有机质，增加耕地肥力，又可以改善多属黏性土壤的质地，降低土壤容重，增加土壤孔隙度，改善耕地土壤板结现象。

此外，重金属在土壤中溶解度是随土壤 pH 降低而增加，当 pH<6.5，重金属在土壤中易呈水溶态或离子交换态，生物有效性增强；反之，它却随土壤 pH 增加而降低溶解度，在碱性土壤中重金属溶解度较低，生物有效性降低。如果重金属形成腐殖质络合物，它的稳定性也随土壤 pH 增高而增强，在碱性土壤中腐殖质螯合的重金属较难释放出来。据研究，当土壤 pH 升高到 7.5～9.0 界限值，重

金属元素可呈氢氧化物沉淀[如 $Cd(OH)_2\downarrow$、$Pb(OH)_2\downarrow$]；但是如果土壤 pH 超过 9.0 限值，重金属又可呈带负电荷的羟基络合物而可溶，如 pH＞9.0，铜形成$[Cu(OH)_4]^{2-}$；pH＞9.3，铅形成$[Pb(OH)_4]^{2-}$；pH＞11，镉形成$[Cd(OH)_4]^{2-}$。为此，可在酸性土壤中直接施用粉煤灰提高土壤 pH，降低土壤中重金属的生物有效性。粉煤灰既作为重金属钝化剂具吸附重金属的性能，又调节土壤 pH。

另据研究，当土壤 pH＞6.2，施用市政污泥堆肥产品，其中重金属即使接近农用标准 A 级泥质，它不会对农作物产生危害，也不会进入食物链而危害人体健康。不过污泥中重金属含量即使低于农用标准限值，但大量连续施用污泥堆肥产品，也将导致重金属在耕作层土壤中累积和在农作物中富集，不过在农作物根、茎、叶、果实各部位富集量是有差异的，如油菜地镉污染为例，当施用镉超标的肥料，通过耕作层土壤以及油菜的根、茎、叶、籽实中镉量测试，尤其榨取的菜油中镉含量研究，发现镉在耕作层土壤、油菜的根、茎、叶中含量高，虽然籽实中也较高，可是菜油中镉含量却达到食用安全标准，而镉主要进糟粕中。

（11）污泥堆肥产品农用的准入条件和污泥中重金属污染风险评价

1）市政污泥农用必须符合的四个准入条件

①必须是腐熟的堆肥产品，卫生指标应达到蛔虫死亡率 95%～100%，粪大肠杆菌值 $10\sim10^2$，即污泥达到稳定化和无害化。

②堆肥产品中有机质含量≥40%（即 400 g/kg）；含水率≤35%，颗粒度＜12 mm。

③市政污泥农用的主要障碍是重金属问题，堆肥产品中任一重金属含量不能超过农用标准限值；其中 As＜30 mg/kg、Cd＜3 mg/kg、Cr＜500 mg/kg、Hg＜3 mg/kg、Pb＜300 mg/kg。若任一重金属含量接近标准限值时，其水溶态和离子交换态含量必须小于 10%。一般市政污泥中重金属含量都较低，而且经高温好氧发酵后，各种重金属都有降低趋势（见表 5-8）。

表 5-8　市政污泥堆肥后重金属含量变化　　单位：mg/kg

重金属	As	Cd	Cr	Hg	Pb	Cu	Zn
原污泥	6.61	1.22	135	1.36	46.6	126	659
堆肥产品	3.06	0.93	68.2	0.87	32.1	96.6	350
原污泥	—	1.37	161	1.53	44.6	334	0.31
堆肥产品	—	0.40	66.9	0.17	16.2	118	0.021
原污泥	2.36	0.28	25.8	0.10	8.57	88.3	144
堆肥产品	1.62	0.24	13.2	0.058	4.48	64.3	123

④施用场地土壤环境质量应符合 GB 15018—95 中二类土壤环境质量二级标准。

2）市政污泥中重金属污染风险评价

市政污泥中有机质含量高，且富含植物需要的营养成分，是很好的有机肥料源，但其中往往含有重金属元素，它们是具有潜在生态危害的污染物，而且具持久性和生物地球化学可循环性，因此在充分利用污泥中有机质、氮、磷以及各种有益微量元素时，必须审视污泥中重金属元素全量及其各种化学态的含量，尤其生物可利用态含量，这些重金属元素含量是否达到潜在生态风险，这就必须进行生态风险评价。污泥中重金属生态风险评价方法较多，常用的有哈肯逊（Hakanson）“潜在生态系数”评价法和内梅罗（Nemerom）“综合指数”评价法，现针对四川省 29 座主要城镇生活污水处理厂污泥中重金属含量分别进行污染风险评价。

①潜在生态风险系数法评价

哈肯逊于 1980 年建立的潜在生态风险系数法，其最大特点是确定了重金属的毒性系数，并给出计算原则；该方法不仅考虑重金属在污泥中含量差异，还考虑不同重金属的毒性差异和环境对重金属的敏感程度，计算结果能反映各种重金属对生态环境的综合影响潜力。

潜在生态风险系数评价法是指将污泥中重金属含量实测值代入评价指标的公式中，计算相应的风险指数，随之与单个重金属生物毒性评价标准（表 5-10）和多个重金属毒性评价标准比较，最后给出潜在生态风险等级的评价结论。详细计算过程如下：

• 单个重金属污染系数（潜在生态危害指数）C_j^i

$$C_j^i = C^i{}_w / C^i{}_A$$

式中，C_j^i——j 样品中 i 金属污染系数；

$C^i{}_w$——j 样品中 i 重金属实测含量（表 5-9）；

$C^i{}_A$——i 重金属的 A 级农用标准（表 5-10）。

现将计算结果分别列于表 5-9。

表 5-9 四川省市政污泥中重金属污染系数（C_j^i）

元素	As	Cd	Cr	Hg	Pb	Cu	Zn	Ni
$C_{j\,(\text{min})}$	0.19	0.17	0.09	0.26	0.08	0.14	0.60	0.19
$C_{j\,(\text{max})}$	0.69	1.94	1.55	1.40	0.24	2.0	31.8	5.54
$C_{j\,(\text{均值})}$	0.38	0.68	0.29	0.83	0.13	0.32	4.0	0.5

注：本表数据采用重金属污染控制标准是最严格的农用 A 级泥质标准。

• 单个重金属生物毒性系数（E_r^i）

$$E_r^i = T_r^i \times C_j^i$$

式中，E_r^i——i 重金属元素生物毒性系数（也称潜在生态风险因子）；

T_r^i——i 重金属毒性响应系数。

表 5-10 各种重金属毒性系数（T_r^i）

元素	As	Cd	Cr	Hg	Pb	Cu	Zn	Ni
T_r^i	10	30	2	40	5	5	1	5

现将计算结果列于表 5-11。

表 5-11 四川省市政污泥中重金属潜在危害系数（E_r^i）

元素	As	Cd	Cr	Hg	Pb	Cu	Zn	Ni
$E_{r\,(\min)}$	1.9	5.1	0.18	10.4	0.40	0.70	0.6	0.95
$E_{r\,(\max)}$	6.9	58.2	3.1	56.0	1.2	10.0	31.8	27.7
$E_{r\,(均值)}$	3.8	20.4	0.58	33.2	0.65	1.6	0.4	2.5

表 5-12 重金属元素潜在危害系数（E_r^i）评价标准

评价指标	$E_r^i \leqslant 40$	$40 < E_r^i < 80$	$80 < E_r^i < 160$	$160 < E_r^i < 320$	$E_r^i > 320$
危害等级	轻微	中等	强	很强	极强

表 5-11 计算结果与表 5-12 评价标准进行比较，可以看出四川省市政污泥重金属含量以均值而论，其潜在危害都是轻微的，省内仅少数生活污水处理厂污泥中镉、汞超标，二者极大值达到中等危害水平，因此四川省各个污水处理厂污泥中重金属含量只要低于或等于本省均值水平，其污泥好氧堆肥产品可以作农用，无潜在生态风险，但还是应该按规范规定每亩每年施用量不超过 2 000 kg，使用年限不超过 20 年。

②综合污染指数法评价

综合污染指数法评价是建立在单因子污染指数（S_i）之上的一种评价污泥中重金属污染风险的综合方法，它不仅考虑单因子污染指数均值的贡献，而且也考虑极大值的贡献，其计算公式如下：

$$S_N=\sqrt{(S_{i(均值)}^2+S_{i(\max)}^2)/2}$$

式中，S_N—— 综合污染评价指数；

S_i—— 单因子（单个重金属）i 的污染指数，$S_i=C_i/C_s^i$，其中 C_i 为污泥中 i 重金属实测含量；C_s^i 为 i 重金属元素农用 A 级泥质标准限值（表 5-17）；

$S_{i（均值）}$——参加统计的一批样品中 i 重金属元素污染指数平均值；

$S_{i（\max）}$——参加统计的一批样品中 i 重金属元素污染指数极大值。

现将四川省主要城市生活污水处理厂污泥中重金属综合污染指数计算结果和重金属元素综合污染指数（S_N）评价标准列于表 5-13。

表 5-13　四川省市政污泥中重金属综合污染

元素		As	Cd	Cr	Hg	Pb	Cu	Zn	Ni
S_i	min	0.19	0.17	0.09	0.26	0.08	0.14	0.60	0.19
	max	0.69	1.94	1.55	1.40	0.24	2.0	31.8	5.54
	均值	0.38	0.68	0.29	0.83	0.13	0.32	0.10	0.51
S_N		0.31	1.45	1.11	1.15	0.2	1.43	22.49	5.56
评价等级		清洁	轻度	警戒	警戒	清洁	轻度	重度	重度

注：表中评价等级是依据“综合污染指数（S_N）评价标准：$S_N\leqslant0.7$ 为清洁，$0.7\leqslant S_N\leqslant1$ 为警戒，$1\leqslant S_N\leqslant2$ 为轻度；$2\leqslant S_N\leqslant3$ 为中度；$S_N>3$ 为重度污染。”

表中锌和镍两个重金属元素凸显“重度”污染主要原因是由于各有一座污水处理厂污泥中锌含量达 47 700 mg/kg（干基）、镍含量达 554 mg/kg（干基），导致这两个重金属元素极大值对综合污染指数计算贡献过大，否则这两个重金属元素污染等级也不过是轻度以下而已。

（12）污泥堆肥产品的农田利用效果

市政污泥好氧发酵制肥产品中含丰富的有机质和植物养分氮、磷等营养物质，并含有各种有益微生物（包括杆菌、假单孢菌、放线菌及能降解木质素的真菌），只要重金属含量达到农用标准，则是优质农用有机肥料或土壤改良剂，它可改善土壤结构、调节土壤水分以及 pH，降低土壤容重，增大土壤总孔隙度，提高土壤保肥、保水能力，增加土壤肥力，提供农作物全面的营养物质，提高农作物产量，改善农产品品质，因此应“鼓励符合标准的污泥进行土地利用（包括土地改良和园林绿化以及限制性农用）”。

下面较详细介绍市政污泥通过好氧发酵生产的有机肥供作土地利用时所具有的诸多优越性。

1）改土作用

市政污泥堆肥产品的改土作用主要体现于改善耕地土壤结构，促进土壤熟化，增加耕地土壤养分和提高耕地土壤中微生物活性，迅速恢复植被，提高农作物产量。

①改善耕地土壤结构

市政污泥好氧堆肥生产的有机肥料富含腐殖质，它可使土壤的腐殖质得到补充和更新，可促使耕地土壤团粒结构的形成，改善土壤结构，避免土壤板结，防止土壤沙化，提高土壤总孔隙度，改善土壤供氧条件，增加土壤持水性、透水性和渗水性，调节耕地土壤的水、肥、生、热的比例，从而改善土壤理化性质，增加农作物产量，是耕地土壤良好的土壤改良剂。表 5-14 列出有机肥对土壤理化性质的改变。

表 5-14 有机肥对土壤理化性质的改变

处理方式	有机质/%	容重/（g/cm^3）	总孔隙度/%	持水量/%	pH
未用有机肥	2.06	1.62	35.1	14.1	5.9
施用有机肥	4.43	1.15	57.8	23.6	7.3
效果对比	增加 115%	降低 40%	增加 65%	增加 67%	酸性降低

注：引自边炳鑫《农业固废的处理与综合利用》。

②增加耕地土壤养分，提高农作物产量，改善农产品品质

市政污泥好氧发酵生产的有机肥，其养分较全面，既含多种有机养分（如氮、磷），又含多种微量营养元素（如钼、硼、硒），肥效长，易被作物吸收，而且还含有大量有益微生物和酶，具有任何化肥无法比拟的优越性，对提高农作物产量，改善农产品品质，保持其营养风味，都具有特殊的作用。这类有机肥的养分具有两个重要特点：一是这类有机肥富含的腐殖质吸附量大，尤其腐殖质中的富里酸（FA）和胡敏酸（HA），性质稳定，吸附营养元素量最大，在补给土壤养分的同时，还能活化土壤中养分，增加土壤中微量营养元素的有效性，改善作物的微量营养元素状况；二是这类有机肥养分齐全，且易分解，其所含营养元素的含量和配比很适合农作物吸收利用，因此施用这类有机肥能起到增强土壤肥力的作用。现将施用这些有机肥后土壤养分含量的变化列于表 5-15。

表 5-15 施用有机肥后土壤养分含量的变化 单位：%

处 理	总 氮	总 磷	碱解氮	速效磷	速效钾
未用有机肥	0.14	0.06	109	8.9	64
施用有机肥	0.19	0.12	154	25.5	107
效果对比	增 35.71	增 100	增 41.28	增 186.52	增 67.19

③提高耕地土壤中微生物活性

这类有机肥富含有机质，能为耕地土壤中的微生物提供充足的养分和能源，加速微生物的生长和繁殖，不仅使其数量增加，而且提高其活性。反过来，在微生物作用下，有机养分不断分解氧化为植物能吸收利用的有效养分，同时将被土壤固定的一些养分释放出来。此外，土壤中微生物活性增加也有利于有毒有害有机物的降解。

2）改善农产品品质，提高农作物产量

这类有机肥营养较齐全，在农作物生长发育期间能协调供应大量营养元素（如氮、磷）和微量营养元素（如钼、硼），避免农作物因缺乏某种营养元素而引起生理缺陷，从而改善农产品品质。另外，由于这类有机肥营养全面、肥效长，易于被农作物吸收，因此只要施用得当，都有增产作用。这类有机肥施用方法与施用量见表 5-16。

表 5-16 市政污泥好氧发酵生产的有机肥施用方法与施用量

用途	施用方法	施用量/（t/亩*）
谷物种植	翻耕入土	2.67～6.67
蔬菜种植	施入土壤表层	4.0～6.67
果树种植	施入土壤表层	6.67～13.3
苗圃育苗	施入土壤表层	2.0～2.67
蘑菇种植	有机肥：黑泥炭：石灰：黏土=70：20：5：5	2.67～3.33
牧草种植	施入浅层表土	1.33～4.0

注：*1 亩=1/15 hm^2。

3）增强农作物防病和抗逆性

由于这类有机肥能改善耕地土壤结构，增强土壤蓄水、保水能力，减少水分的无效蒸发，提高保温效果，从而提高了农作物的抗旱、抗寒和抗冻能力，使农作物在恶劣气候条件下能较好地保持其内在和外在品质。此外，施用这类有机肥，可增加农作物体内抗生素物质，提高农作物防病、抗病能力；又因为这类有机肥营养较齐全，在农作物生长发育期间协调供应大量营养元素和微量营养元素，避免农作物因缺乏某种营养元素而引起的病害。

4）降低土壤中重金属的生物活性

这类有机肥富含腐殖质，由于腐殖质带负电荷，它可吸附土壤中阳离子（其阳离子交换容量是普通黏土的几倍到几十倍），是一种络合剂和还原剂，它可螯合和还原土壤中重金属离子的作用，使土壤中重金属失去活性，降低重金属的生物可给性，减少植株对重金属的吸收，抑制重金属的毒害作用。如旱地施用这类有机肥，可使植株体内铬减少 48.9%，作物产量增加 35.9%，因此可安全用于耕地铬污染的修复。

此外，这类有机肥还可以通过酶促反应而降解有机农药和多环芳烃，降低二者的毒害。

（13）市政污泥土地利用的原则

市政污泥土地利用包括农用和土地改良用，因此必须符合《城镇污水处理厂污泥处置 农用泥质》（CJ/T 30—2009）、《城镇污水处理厂污泥处置 土地改良用泥质》（GB/T 291—2008）、《城镇污水处理厂污泥处置 园林绿化用泥质》（GB/T 23486—2009）、《城镇污水处理厂污泥处置 林地用泥质》（CJ/T 361—2011）等规定，同时还应符合《土壤环境质量标准》（GB 15618—2008）的规定。根据这些规定，对市政污泥堆肥产品施用应遵守以下原则。

1）市政污泥农用时必须满足 A 级或 B 级泥质的污染物浓度限值（见表 5-17）、污泥的物理指标（见表 5-18）、卫生学指标（见表 5-19）以及营养学指标（见表 5-20）。

表 5-17 市政污泥污染物浓度限值 单位：mg/kg

控制项目		As	Cd	Cr	Hg	Pb	Ni	Cu	Zn	苯并[*a*]芘	矿物油
限值	A 级污泥	<30	<3	<500	<3	<300	<100	<500	<1 500	<2	<500
	B 级污泥	<75	<15	<1 000	<15	<1 000	<200	<1 500	<3 000	<3	<3 000

表 5-18 市政污泥农用时物理指标

控制项目	含水率/%	粒径/mm	杂物
限值	≤60	≤10	粒度<5 mm 的金属、玻璃、陶瓷、瓦片等杂物，含量应≤5%

表 5-19 市政污泥农用时生物性有害物质控制指标

控制项目	蛔虫卵死亡率/%	粪大肠菌群值
指标	≥95	≥0.01

表 5-20 市政污泥农用时营养学指标 单位：g/kg（干基）

控制项目	有机质含量	$N+P_2O_5+K_2O$	酸碱度（pH）
指 标	≥200（≥20%）	≥30（≥3%）	5.3～9.0

2）市政污泥用作土壤改良剂及园林绿化用时必须满足污染物浓度限值（见表 5-21）以及卫生学指标（见表 5-22）和营养学指标（见表 5-23）。

表 5-21 土壤改良剂中污染物浓度限值

控制指标	最高允许含量		控制指标	最高允许含量	
	pH<6.5	pH>6.5		pH<6.5	pH>6.5
As	<75	<75	石油类	500	3000
Cd	<5	<20	苯并[a]芘	3	3
Cr	<600	<1 000	二噁英	100	100
Hg	<5	<15	氰化物	10	10
Pb	<300	<1 000	多氯联苯	0.2	0.2
Ni	<100	<200	挥发酚	40	40
Cu	<800	<1 500			
Zn	<1 500	<3 000			

注：二噁英包括多氯化二苯并二噁英和多氯化二苯并呋喃，单位 ng 毒性单位 kg（干基）。

表 5-22 土壤改良剂的卫生学指标

控制项目	粪大肠菌菌群	细菌总数	蛔虫卵死亡率/%
指标	<10～5 MPN/kg	<10～5 MPN/ng	>95%

表 5-23　土壤改良剂的营养学指标　　单位：%

控制项目	有机质	总氮	总碱（P_2O_5）	总钾（K_2O）
指　标	≥10	≥0.5	≥0.3	≥0.1

3）耕地土壤一般为黏土型，对市政污泥中污染物吸附能力较强，使用过程应遵守污染控制规范，应根据需要来确定施用量。根据污泥农用标准（GB 4284—84）规定，“每年每亩用量不超 2 t 干污泥，连续在同一块土壤施用，不得超过 20 年。”

4）市政污泥土地利用需建立严密的监测、监控管理体系，包括监测污泥堆肥产品施用后土壤及植物的重金属含量，严格控制施用量和施用期限，监测频率按每年施用量而定。

（14）我国耕地施用有机肥的必要性和紧迫性

1）欧美发达国家肥料发展方向

现今欧美发达国家已抛弃以消耗大量能源、牺牲环境生态、降低土壤肥力和导致农产品品质劣变为代价的石油农业生产，主张发展无公害绿色农业，甚至有机农业，农业用肥向高效、复合、缓效以及颗粒化方向发展，生产有机肥料和无机化肥比例恰当的有机复混肥，二者优势互补，以有机保无机，减少无机养分流失，且又改善土壤团粒结构，继承有机肥养分安全、肥效长和富有机质的特点，以无机促有机，解决有机肥养分释放慢以及比例不平衡等缺陷，还可弥补化肥养分单一、释放过快之不足。

有机肥和无机化肥根据测土配方的施肥方案，按恰当比例进行混合加工，制成有机复混肥，这是有机肥的容量因子和化肥的强度因子相结合。施用有机复混肥后，不仅可改善土壤团粒结构和理化性质，避免土壤板结和酸化，促进土壤肥力逐渐恢复，同时改善农产品品质，恢复农产品营养风味。

2）有机肥和化肥利弊比较

农业上施用有机肥肯定利多于弊，现从对土壤团粒结构和肥力的影响、提供农作物养分、农作物增产作用、对农作物抗逆性影响、对农产品品质的影响等诸多方面，来比较有机肥和化肥的利弊，见表 5-24。

表 5-24 有机肥与化肥利弊比较

比较项目	有机肥	化肥
对土壤团粒结构和肥力的影响	改良土壤团粒结构，避免土壤板结，且可培肥和提高地力，促进农业生态良性循环	长期大量施用化肥，导致土壤板结和酸化，地力逐年下降，硝酸盐累积，破坏农业生态环境，改土效果差
提供农作物养分	营养成分全面，肥效长，既含有机养分，又含大量微生物和酶以及多种微量营养元素，只是养分浓度低，肥效慢。但市政污泥生产的有机肥，重金属含量必须达标	提供单一营养成分，养分浓度高，释放快，供肥强度大，使用轻便。此外，施用磷肥可能带入镉等重金属
农作物增产效果	在超量施用化肥后，施用有机肥，可显著提高农作物产量，平均增产约10%	长期大量施用化肥，农作物增产效果甚微，甚至递减
对农作物抗逆性影响	提高耕地土壤保湿效果，增强土壤蓄水、保水能力，从而提高农作物抗旱、抗寒和抗冻能力，并且可提高作物抗病能力	耕地土壤保湿效果差，农作物抗旱、抗寒能力低，抗病性弱
对农产品品质的影响	改善农产品品质，保持农产品味美、色艳、营养丰富的原有营养风味，质量显著提高，属无公害绿色食品，而且农产品中硝酸盐含量达到卫生标准	农产品味差、色淡、欠鲜嫩、无光泽，营养价值降低，品质差。此外，农产品中硝酸盐含量往往超标，危害人体健康

3）不合理长期使用化肥的后果

我国不合理长期使用化肥的后果表现在以下三个方面：

①不断增加化肥用量，化肥有效利用率却降低

农民为提高单产产量而不断增加化肥用量，长期施用后导致化肥有效使用率却逐渐降低，现今一般当年只能利用氮肥 30%～35%，自然流失 25%～30%，其余 40%只有土壤中有适当有机质存在下，通过微生物作用而使这 40%化肥养分积存于土壤中，否则如果土壤中有机质不足，这 40%化肥养分也将流失。此外，磷肥利用率仅 10%～15%，钾肥利用率 30%左右。化肥大量流失，不仅浪费资源，而且造成地表水富营养化，以致使用化肥成了农村面源污染之一。

②长期大量施用氮肥，造成耕地土壤板结酸化

我国氮肥施用量占世界第一位，而四川省在全国位于前列，由于长期施用氮

肥，导致破坏耕地土壤团粒结构，造成土壤板结和酸化，使农产品品质劣变，以致粮食失去芳香、蔬菜失去鲜嫩、瓜果失去甘甜，而且使地表水中残留过量硝态氮和亚硝态氮，污染水体。此外，过量施用氮肥，还将导致蔬菜和果品中硝酸盐含量超标：如蔬菜、果树每亩平均施用 50 kg（折纯）氮肥，则蔬菜中硝酸盐含量超标 20～40 倍，它是人类隐形杀手，具致癌、致畸、致突变的隐患。

③长期大量施用氮肥，将促使土壤中重金属活化迁移

长期大量施用氮肥导致土壤酸化，这将促使耕地土壤中重金属活化迁移，加大重金属的植物可给性，而易被农作物吸收，进入食物链逐级积累，最终导致损害人体健康。

4）制约有机肥市场发展的主要因素

目前我国市政污泥在重金属含量达标的条件下，经好氧发酵生产的有机肥要供土地利用，受到诸多因素制约，尤其是缺乏政策引导和政府优惠政策支持，特别是由于行业偏见和环保偏见，形成市场瓶颈，严重制约市政污泥肥料的市场发展，至今难跨入有机肥主流市场的门槛，严重挫伤市政污泥再生利用企业的积极性。

市政污泥生产的有机肥料目前面临的困境：

①缺乏这类有机肥料的规范市场，多以厂方直销，供需双方的关系和利益都得不到法律上的保障，无法利用现有肥料供销体系和网络进入市场流通。

②农村留守的是老、弱、病、妇、幼，青壮劳力大多进城打工，于是耕地用肥侧重于轻便、见效快的化肥，弃用肥效慢、施用量大、运输和施用相对不方便的有机肥，更不用农家肥，这是急功近利的体现。但自家食用的粮食、蔬菜、瓜果却施用农家肥。乡村干部和农民不了解或忽视有机肥在农业可持续发展的重要性，有关政策影响薄弱。

③有机肥产品缺乏质量和价格进行审核和检测的管理体系，以至于肥料市场上有机肥优劣产品混杂，鱼目混珠，影响有机肥料的信誉。

④优惠政策不平等，市政污泥肥料属环保产品，具有高附加值的再生资源产品，符合国家发展循环经济的大政方针，有利于促使环保产业发展，全世界这类环保产业都是免税的，并享受农用平价水电费，铁路运输费减半，可是在我国这类肥料产品要征收增值税 4%，所得税 15%，要付城市水电费、铁路运输费全额，于是这类有机肥在肥料市场上处于价格弱势，农民怎会青睐。

⑤由于目前人们对无污染的洁净健康的农产品的需求，而担心污泥农用可能存在重金属污染（包括污泥农用后土壤耕作层重金属的量变，农作物各部位的累积和存在形态及其影响），导致对污泥农用的限制。

5）市政污泥肥料市场开拓的建议

①污泥中重金属含量未超标，但接近标准值，其堆肥产品提倡用于林地和市政绿化，它不造成重金属进入食物键逐级积累而损害人体健康。

②市政污泥中重金属元素含量达到农用标准，则污泥堆肥产品作为土地利用为上策，因为市政污泥土地利用具六大优势：a. 投资少；b. 能耗低；c. 运行费用低；d. 有机质（腐殖质）高，含植物所需的营养成分，起码是良好的土壤改良剂；e. 应用广泛，包括农田、菜地、果园、林地、草场、育苗基质、市政绿化等产品市场广阔；f. 受严重扰动的土地修复和重建（如矿山开采土地、建筑排废深坑、森林伐场、垃圾填埋场等需复垦而恢复生态环境）。

③政府给予市政污泥生产的有机肥料（包括有机复混肥）免税和享受农用平价水电费以及铁路运输费减半。

④政府设立配套扶植资金，用于肥料季节性补贴和农民施用有机肥的奖励。

⑤市政污泥中重金属元素含量超过农用标准，建议用于制砖，理由是可节省黏土页岩资源，而且隧道窑烧砖工艺技术成熟，现有工艺符合环保要求。

⑥政府允许特殊经营方式引导社会资金参与市政污泥堆肥建设和经营。

5.1.3 市政污泥蚯蚓养殖处理工艺技术

蚯蚓在陆地循环系统中起着非常重要的作用，它是土壤中最常见的食腐动物，它在土壤中能促进植物的枯叶残渣化解，将有机质降解和矿化，使有机质中碳、氮、磷、钾等养分转化为利于植物吸收的化学态，同时还能增强土壤孔隙度，改善土壤结构。总而言之，蚯蚓在自然生态系统有促进有机质分解转化而达到物质再循环的功能。自从 Elvira 于 1988 年利用蚯蚓养殖处理污泥构想之后（胡安，2011），这种生物处理技术从理论到实践，众多研究成果显示，某些种属的蚯蚓能消化分解污泥，它们在食用污泥后，将污泥中有机质吸收转化为自身生长需要的物质，同时排泄出的蚯蚓粪却是一种蓬松颗粒状的活性有机肥料，于是利用蚯蚓养殖处理处置市政污泥的研究和实践便开始得到推进和发展，而且也就成为市政污泥土地利用的最主要途径之一。

蚯蚓养殖处置污泥工艺技术又称为污泥蚯蚓生态床，它是利用蚯蚓吞食污泥，通过其消化道分泌的酶以及微生物协同作用下水解污泥中有机物、并以蚯蚓粪形式排出的一种污泥处理处置技术。

蚯蚓养殖处置市政污泥符合污泥减量化、稳定化、无害化和资源化目的，有较好的社会、经济和环境效益。不过这种处置技术仅适于中小型生活污水处理厂产生的污泥，尤其欠发达地区的小型生活污水处理厂产生的污泥。

（1）蚯蚓养殖处置市政污泥的技术原理

1）蚯蚓品种的选择

全球有 3 000 余种蚯蚓，我国分布有 160 余种，它们按生态特性分类，可以分为表层种、深层种和内层种，如果粗略分类，则可分为粪蚯蚓和土蚯蚓。但是能用于处理市政污泥或固体粪便的品种却很少，主要是粪蚯蚓，依生态特性分类，粪蚯蚓属于表层种的蚯蚓，即生活在土壤表层富含有机腐殖质的蚯蚓种类，繁殖率极高，体色与环境一致。能用于处理市政污泥的品种之所以不多，是因为这些品种的蚯蚓必须具备三个特性：一是种群呈集中分布；二是该种群能高密度地生长；三是该种群具高度繁殖率，并且选育驯化诱导容易。可见要选择具备这三个条件的蚯蚓品种实属不易，国内目前能用于处理有机废物的蚯蚓品种是爱胜蚓属的蚯蚓，主要有：

①赤子爱胜属蚯蚓（*Eisenia foteida*，商名：太平二号），它属正蚓科，爱胜属，20 世纪 70 年代末从日本引进的优良品种，现被广泛使用的种群，身体呈圆柱形，体长 35～130mm，体宽 3～5mm，成蚓体重 0.45～1.12g，体色多为紫色、红色或淡红褐色，繁殖率高，成熟期 8～10 周，易在实验室培养（陈巧燕，2006）。这类蚯蚓养殖密度可达 3 万～5 万条/m^2，每条蚯蚓在合适环境条件下，每天可食市政污泥达其体重的数倍，属粪蚯蚓，喜食腐殖质丰富的饵料。这类蚯蚓外观有明显条纹，尾端两侧呈米黄色，越老越深。赤子爱胜蚓繁殖力强，每个卵蛋可孵化幼蚓 2～6 条，经过 60～70 天便可性成熟，又可繁殖下一代。这类蚯蚓易于管理，生态环境易于调控。

②美国红蚓，活体呈玫瑰红色，俗称“红蚓”，也属于正蚓科爱胜属，其身体呈圆柱形，仍是粪蚯蚓类，喜食腐殖质丰富的饵料（如市政污泥一次好氧发酵产物），一般体长 90～150 mm，直径 3～5 mm，体节 12～150 个，成熟后每条蚯蚓体重约 0.5 g。这类蚯蚓繁殖力强，繁殖量大，每个卵蛋可孵化 3～4 条小蚯蚓，多则 6 条，适于人工繁殖，在我国主要分布新疆、黑龙江、北京、吉林等地。

③北星二号，20 世纪 70 年代从日本北海道引进并经改良培育的新品种，也属于粪蚯蚓，喜食腐殖质，其体长 90～150 mm，体宽 3～5 mm，体重约 0.59 g，繁殖率高，生育期 70～90 天，适合人工养殖。

④太湖红蚓，它是由赤子爱胜蚓长期改良培育而成的，个体较小，一般体长 50～70 mm，直径 3～5 mm。体色一般呈紫红，但随饵料、水、光照而改变深浅。太湖红蚓适应性强，寿命长，易饲养，适合人工繁殖，加之该蚓体腔厚、肉多、营养价值高，养殖经济效益好。

⑤川蚓一号，它是四川省用台湾环蚓和赤子爱胜蚓（“太平二号”蚓）经多元杂交提纯而成的一代良种，也属“粪蚯蚓”，它体长 100～200 mm，直径 6 mm，呈浑圆形，个体均匀，体色为红褐色，体内几乎全是红血，泥质少。它产卵多，繁殖快，每两天可产一卵，每卵有 4～10 条幼蚓，它们无野性，易饲养，适合于人工饲养，是四川改良的一种生产性能高的优良品种，污泥蚯蚓养殖处置工程可选这一品种蚯蚓。

⑥北京条纹蚓，它是北京本地的良种，也是正科爱胜属蚯蚓，是中国农科院土壤肥料所从野生赤子爱胜蚓选育出来的良种，体长 100～160 mm，直径 4～6 mm，体重平均 0.7 g，最重达 1.8 g，条纹明显，繁殖率高，适应性强，易饲养，适合于污泥处置工程。

总之，优选喜粪（喜食有机废物）和能忍受环境变化（尤其温度较高），而且繁殖率高、增殖倍数大，易于高密度饲养的蚯蚓种类，是市政污泥蚯蚓养殖处置工程的首要任务。

2）蚯蚓提纯扶壮技术

所谓“蚯蚓提纯扶壮”，顾名思义就是提高蚯蚓优良品种，扶持体壮、活力强的蚯蚓。蚯蚓是雄雌同体的动物，因此种群结构上主要考虑年龄结构和空间分布结构，扶持性成熟蚯蚓，淘汰老蚯蚓。蚯蚓提纯扶壮比较流行的做法是“三级繁育体系”，即推行原种场、繁育场、生产场“三位一体”，执行过程要注意如下问题：

①原种场经常保持优质种群，为此将红润粗壮的蚯蚓放入原种场，剔除那些退化、衰老的个体。

②定期分床，原种场与繁育场在高温季节每隔 15 天、低温季节每隔 20 天分床，分床时要彻底换除旧基料，全部换入新料。

③原种场旧料和蚓蚕移入待孵床，繁殖场旧料和蚓蚕移入生产场待孵化，其料层厚度约 15 cm，含水率约 30%为宜，做到上松下湿不积水，才能提高孵化率。蚓床接种密度以 600 条/m^2（每条蚓重以 0.5 g 计，则 600 条蚯蚓重约 300 g）。

3）蚯蚓消化系统分解、转化市政污泥中有机质的机理

蚯蚓是雄雌同体的腐食性动物，是腐生生物，又是好氧生物，市政污泥经稳定化和无害化（即一次高温好氧发酵后初步腐熟的堆肥产品）后作为饵料，由蚯蚓吞食，蚯蚓消化能力极强，它通过其砂襄和消化道的研磨、破碎，并在肠道中由消化道分泌酶类（蛋白酶、脂肪分解酶、纤维酶、淀粉酶）和好氧微生物的协同代谢作用下，能迅速分解、转化市政污泥中有机质，成为蚯蚓易于利用的营养物质，供蚯蚓生长繁殖需要，然后排出酸碱中性、水气调和、孔隙率高的具团粒结构的蚯蚓粪。也就是说，蚯蚓粪是蚯蚓吸食市政污泥中有机营养成分，有规律地消化、混合，使其转化为易溶的营养物质而被吸收利用，并以小而均匀的颗粒结构的粪便排出体外，而且蚯蚓体内大量有益的微生物也通过蚯蚓正常消化过程而被大量吸附在蚯蚓粪上。蚯蚓粪转化率为 66.7%～83.3%，即每千克市政污泥中有机废物可转化为 0.667～0.833 kg 蚯蚓粪。

蚯蚓在养殖床处理污泥分两阶段进行，第一阶段为采食期，蚯蚓用 25 天时间转化饵料；第二阶段为转移期，蚯蚓本能地寻找湿层，它们用 5 天时间自然地穿过已消化完饵料的觅食区，转移下面寻找更多的新鲜饵料和湿环境。

4）饵料制备——蚯蚓饵料堆制技术

市政污泥作饵料应经过一次高温好氧发酵预处理，蚯蚓方可食用，倘若市政污泥未经一次高温好氧发酵，虽然也可作蚯蚓饵料，而且养殖初期蚯蚓增殖尚可，但随后常发生红壁蚤、白绒虫及不明小飞虫等虫害，蚯蚓大面积死亡，这可能是污泥中病原菌未杀灭，此外污泥未经发酵稳定化，置入养殖床后，将随时间推移而发酵升温，并产生氨气、甲烷等有害气体，导致蚯蚓大量死亡。市政污泥一次高温好氧发酵后就可安全适用，不必进一步二次好氧发酵。因此，搞好市政污泥一次高温好氧发酵工作，达到蚯蚓喜食而又安全的蚯蚓饵料是人工养殖蚯蚓的关键。为此，本书作者之一许禄钟高工研制一种专供饵料制备的混合搅拌机，见图 5-3。

图 5-3　混合搅拌机装置

5）高密度养殖技术

利用蚯蚓养殖处理市政污泥，应选择集群分布、高密度生长特性的蚯蚓，工程上蚯蚓投放密度一般为 2.7 kg/m^2。

（2）蚯蚓养殖处置市政污泥的工艺流程

工艺流程如图 5-4 所示。

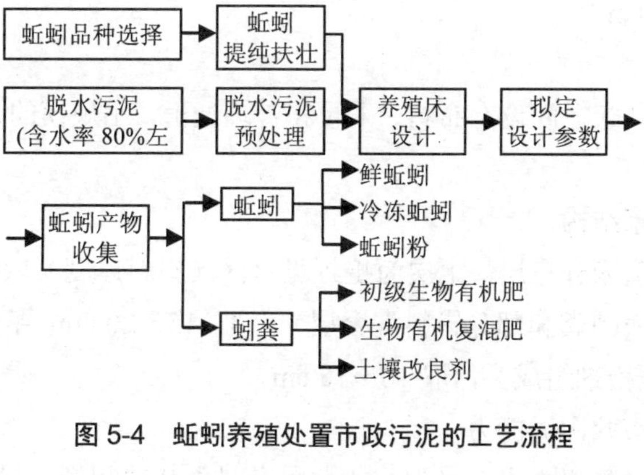

图 5-4　蚯蚓养殖处置市政污泥的工艺流程

（3）蚯蚓养殖方式选择

蚯蚓养殖方式目前可供选择的有三种：一是大田养殖（又称露天平坝养殖）；

二是大棚养殖；三是立体箱养殖。

1）蚯蚓大田养殖

这是在露天平坝的硬质地面上设蚯蚓养殖床，采用人工覆盖稻草或塑料膜进行调温，调湿，人工投放蚯蚓和饵料（初步腐熟污泥），最后人工采集蚯蚓和蚓粪。

①设计参数

• 处理湿污泥量：8 t/d 污泥，含水率 80%计；

• 蚯蚓种投放密度：每亩 1.8 t（2.7 kg/m^2，每平方米 5 400 条，每条蚯蚓以 0.5 g 计）；

• 每亩场地用于蚓床的净面积约 400 m^2；

• 养殖床饵料（初步腐熟污泥）厚度 10～20 cm，碳氮比（25～30）∶1，含水率 65%～70%；粪层厚度 5～15 cm。

②蚯蚓养殖场场址选择

蚯蚓养殖场应选择背风、无阳光直射、冬暖夏凉、易防天敌（老鼠、鸟类）、未受农药污染、不积水而又透气的地块。

③蚯蚓养殖床设计

• 养殖床宽度

大田蚯蚓养殖床宽度与污泥处理规模及配套设施有关，若处理规模小，配套机具简易，则养殖床宽度≤2 m；若规模大且有布料机和采收机，则养殖床宽度宜≥3 m，长度≤10 m。

• 通道

蚯蚓养殖场蚓床之间设有布料、采收和管理通道，小规模的为 0.8 m，大规模的为 1.8 m 左右。

• 蚯蚓养殖床结构

通常蚯蚓养殖床分三层：上层为蚯蚓觅食区（饵料厚度）取 8～15 cm；中层为蚯蚓活动区（属蚓粪和部分饵料混合层），取 15～20 cm；底层为蚯蚓保护层（由松土和透气蓬松剂组成），取 10～15 cm。

④蚯蚓处理市政污泥能力

每吨粪蚯蚓（如“太平二号”、“北星二号”或“川蚓一号”等）处理含水率 80%的市政污泥约 0.5 t。另据报道，赤子爱胜蚓每日可食相当其体一半的食物，排出等量的粪；赤子爱胜蚓体重 0.45～1.12 g，平均 0.5 g，这就是说每吨蚯蚓每日可食市政污泥 500 kg（含水率 80%）。

⑤蚯蚓饵料添加方法

·小型蚯蚓养殖场可由人工采取点式间隔布料方式添加饵料。

·大型蚯蚓养殖场宜用机具布料，采用条式间隔布料法。

·加饵料要薄料多施，每次加料厚度 5 cm，冬季可适当加厚。

·当养殖床中饵料已有 80%转化成蚓粪，应及时补充投料，以保证养殖床有足够饵料。

·投料方法有上投法、下投法和侧投法。

上投法——将新饵料添加在养殖床旧料之上，缺点是新料水分下渗，位于下方旧料与蚓粪中水分往往过多，埋在深处的蚓茧孵化率便降低。

下投法——将旧料堆在一侧，新料投入另一侧，然后旧料表层（约 5 cm）平铺在新料上，当蚯蚓吸引到新料后，比较容易清粪，也有利旧料中蚓茧孵化。

侧投法——新料置于旧料一侧，但旧料不铺新料上，由于成蚓很快进入新料中栖息，幼蚓和蚓茧留在旧料中，这方便于成蚓与幼蚓及蚓茧分开。

⑥蚯蚓及其粪便收集

·蚯蚓粪收集——当表层饵料基本粪化后，设法补充饵料一次，待蚯蚓诱集到新饵料层后，迅速将新料层和其中的蚯蚓移开，然后从蚯蚓床上采收蚓粪。

·蚯蚓收集——在蚯蚓生长周期期间，可用光驱法将蚯蚓驱入新料层，随之迅速将新料层中蚯蚓收集起来，然后再将新料移回原蚯蚓床。

⑦配套设施

大田蚯蚓养殖场配套设施主要有如下三项：

·设置调节水量的管网设施，用以满足蚯蚓生存环境的温度和湿度调节。

·设置饵料的陈化池（兼作调节池），其有效体积≥20 天的饵料处理量。

·优点是投资省、运行成本低，操作技术简单，易掌握。缺点是占用大量土地资源，蚯蚓生存条件控制难，病害和天敌难及时救治，劳动量大，存在二次污染风险。

2）蚯蚓大棚养殖

这是采用在塑料大棚内设置蚯蚓养殖床，蚯蚓养殖床也像大田养殖一样设置于硬质地面上，辅以人工覆盖、调温、调湿，利用机具或人工布料，人工采集蚯蚓与蚓粪。

①设计参数

• 处理湿污泥量：8 t/d（污泥含水率 80%计），蚯蚓养殖场为 15.6 亩，每亩每天养殖场处理湿污泥 0.512 8 t。

• 蚓种投放密度：蚯蚓养殖密度要适宜，不可过小，也不宜过大，一般赤子爱胜蚓的养殖密度以每平方米 3 600 条为宜（即 1.2 t/亩），则 15.6 亩养殖场投放蚯蚓 18.72 t。

• 蚯蚓养殖场区用地分配：整个场区面积为 22.3 亩，其中蚯蚓养殖场 15.6 亩；提纯扶壮育种场 360 m^2；蚓粪贮仓 360 m^2；污泥调理/调节车间 260 m^2；水泵房 18 m^2；办公及职工生活用地 150 m^2；场区道路和绿化 31.88 m^2；场区围墙及大门 100 m^2。

• 蚯蚓和蚓粪产量：蚯蚓年产 15 t（即 41.10 kg/d），蚯蚓粪年产 75 t（即 205.48 kg/d）。

• 投资估算

土建 44 万元；设备 3 万元；蚓种购买计 37.44 万元，合计：84.44 万元。

②蚯蚓养殖床设计

大棚蚯蚓养殖床设计与大田蚯蚓养殖床设计相同。

③饵料添加方法以及蚯蚓和蚓粪收集与大田蚯蚓养殖相同。

④大棚蚯蚓养殖的优缺点与大田蚯蚓养殖的优缺点基本相同。

3）蚯蚓立体箱养殖

蚯蚓立体养殖箱也称蚯蚓生物反应器，是高效养殖蚯蚓和有效处理市政污泥的设施，是蚯蚓养殖处理市政污泥实现集约化、规模化的设施，它是利用最小的空间而达到最大化处理率的蚯蚓养殖设施。

①蚯蚓立体养殖箱结构设计

• 立体养殖箱设计

蚯蚓立体养殖箱的主体是蚯蚓处理污泥的核心设施，以小型养殖箱为例：

a. 养殖箱主体采用单元组合式结构，单箱底面≤1 m^2 为宜，架高 1.5 m，分三个单箱，每单箱高 50 cm。它可根据污泥处理量予以拆装组合。

b. 单元处理器设计：上层为蚯蚓觅食区；下层为蚓粪收集装置，上、下层之间为纤维类织成的网面，网眼 3 mm（蚓粪粒径＜3 mm）。底部及四周留有排水孔和通气孔，以满足蚯蚓生长需要，通气面积以占箱壁面积 20%～25%为宜。

c. 控制箱设在养殖箱前端，由中央控制器和参数显示器组成，可实施温度、湿度和透气性的显示和调控。

d. 养殖箱的零部件组装完后，应作无缝防腐处理。

e. 中型立体多层养殖箱是一种多层叠盘养殖箱，置于保护棚内，由耐腐蚀的钢材结构支撑，单箱结构与小型立体养殖箱相同。

· 加料器

加料器位于养殖箱主体上面，是通过布料机进行的，采用双口布料方式，电机驱动布料轴杆旋转，使饵料均匀落在养殖箱主体中。加料器设计要注意三个问题：

a. 加料器设计成上大下小的喇叭形锥体（利于饵料自行流动），锥体下部设计扫料装置，使饵料均匀落在布料机传送带上；当布料机停止工作时，布料口自动关闭。

b. 由于污泥处理量不大，布料机选择轻型标准化输送带，根据开关指令或程序设计来完成布料工作。

c. 在布料机上设微喷加水器，由中央调控中心调节养殖床的湿度。一般 10 多天加一次水。

· 出料器

出料器由筛网和刮料器组成，并设有蚯蚓采集装置和蚓粪采集装置。分离纯化的蚯蚓和蚓粪，分别不同地送到与其对应的带式输送机上。

②养殖箱内蚯蚓养殖床设计

· 箱内养殖床分上、下两层，上层为蚯蚓觅食区，饵料由布料机每次布料 10～20 cm；下层为蚯蚓活动区，由蚓粪和部分饵料组成，厚度取 5～15 cm。

· 箱内蚯蚓种群密度取 3～15 kg/m^2，取值 3.24 kg/m^2。

③配套设施

蚯蚓立体箱养殖需要如下配套设施：

· 饵料暂存仓一座，容积起码应大于 5 天饵料贮存量。

· 设水泵房及相应管网，以供水来调控养殖床的温度和湿度。

· 设机电组及机电车间。

④重要参数

· 立体箱蚯蚓养殖密度 3～15 kg/m^2，取值 3.24 kg/m^2。

· 爱胜蚓属蚯蚓躯体直径 3～6 mm。

· 养殖床饵料厚度 10～20 cm，蚓粪层厚度 5～15 cm。

• 蚓粪粒径应小于 3 mm。

• 蚓粪转化率 66.7%～83.3%，即蚯蚓可将每千克污泥转化成蚓粪达 0.667～0.833 kg。

⑤立体箱蚯蚓养殖的优点主要是占地少，处理效率高，蚯蚓生存条件易控制，病害及天敌易及时救治，而且有利于蚯蚓提纯扶壮的实验。

（4）蚯蚓养殖床环境调控技术

如何使蚯蚓在高密度养殖下持续处理市政污泥，其中关键在于如何把养殖床环境调控成适合蚯蚓生长繁殖的优生环境，这就涉及蚯蚓养殖床的温度、湿度、酸碱度、通气性以及饵料营养等方面的调控，可以说蚯蚓床环境调控技术是蚯蚓养殖处理市政污泥的关键技术，是蚯蚓养殖日常管理的重要措施。

1）温度调控

蚯蚓是变温动物，体温随其生活环境的变化而变化，它适应的温度在 13～28℃，阈值范围在 7～32℃（即低于 7℃或者高于 32℃，蚯蚓难生存），最适宜温度为 18～23℃，当养殖床温度高于 28℃，蚯蚓会主动迁移到凉爽的地方；当温度低于 13℃，蚯蚓活动降低。此外，与蚯蚓共生的微生物最适合温度在 20～37℃。

2）湿度调控

蚯蚓是喜湿怕干燥的动物，它必须保持躯体的湿润，否则就会降低其新陈代谢速度，也就降低分解污泥的活力，虽然不同种类的蚯蚓所适应的湿度有所不同，但各种蚯蚓都能适应的湿度范围是 30%～80%，其中 60%～80%是蚯蚓最适宜的湿度范围。不过如果养殖床湿度大于 80%，即生存环境含水量过高，这往往导致溶解氧不足，而蚯蚓又是喜氧动物，缺氧则使蚯蚓难以生存，它们往往逃逸或窒息死亡。蚯蚓体内含水量在 75%～90%，水是蚯蚓生存的必要条件。总之，养殖床湿度是蚯蚓的生殖和生长发育的重要因素，为此，蚯蚓养殖过程必须定期洒水保湿，使蚯蚓养殖床湿度保持在 60%～80%，所用的水必须无污染，若用自来水，最好用停放一天后的自来水。

3）酸碱度调控

蚯蚓一般要求饵料 pH 为 6～8，不过它们对弱酸或弱碱环境却有一定的适应能力，而且有一定调节作用，它可将偏酸或偏碱的饵料变为接近中性，但蚯蚓不能生存于强酸或强碱的环境中。

4）通气性调控

蚯蚓是好氧性动物，养殖床通气性对蚯蚓的生存和活力影响很大，通气性好，则蚯蚓的新陈代谢旺盛，活力增强，成熟期缩短。因此蚓床上的饵料必须疏松透气，为此市政污泥好氧堆肥制备饵料时可采用市政污泥 60%～70%+秸秆 30%～40%进行堆制。此外，蚯蚓本身又不停穿梭于饵料之间而不停地运动，能使养殖床维持好氧条件。

这里必须提及的是蚯蚓对 CO_2、CH_4、NH_3、H_2S 等有害气体反应很敏感，只要蚯蚓栖息环境中 CO_2 含量超过 0.01%～11.5%极限范围，CH_4 含量超过 15×10^{-6}，NH_3 超过 17×10^{-6}，H_2S 超过 20×10^{-6}，都会导致蚯蚓死亡。

5）饵料营养调配

饵料是蚯蚓繁殖力和健壮成长的关键因素，饵料营养调配主要是有机质含量、碳氮比及微量营养元素的调配。饵料调配技术包括如下几方面：

①粪蚯蚓是以腐化的有机物为食，只要无毒、酸碱度适中，能被微生物作用分解的有机废物（如市政污泥）均可作为蚯蚓的饵料，因此作为饵料的市政污泥必须经好氧堆肥从高温（60～70℃）降到常温（20℃左右）而达到无毒无害的腐化产物即可，不必经二次好氧发酵而完全腐熟，若经二次好氧发酵达到完全腐熟，蚯蚓反而厌食。此外，其中作为调理剂/膨胀剂的秸秆应另行沤制腐烂后与污泥混合，一起好氧发酵。

②饵料的碳氮比要达到（20～30）：1。

③饵料添加要薄料多施，每次加料厚度 5 cm 左右，逐渐加到 15 cm 作为蚯蚓觅食层，冬季可适当加厚。

④应及时补充投料，当养殖床中的饵料已有 80%变成蚓粪，则应定时投料，以保证养殖床有足够饵料。

6）防止敌害

应防鼠、鸟、蟾蜍、蚂蚁等天敌以及鸡、鸭等家禽捕食蚯蚓，为此可在养殖场四周撒上生石灰或“六六六”粉并关好门窗，堵塞各种洞穴。

（5）蚯蚓与蚯蚓粪分离技术

在蚯蚓养殖处理市政污泥的系统中，在养殖床上，当蚯蚓吞食消化完饵料后，随之需要将蚯蚓与蚓粪分开，目前将二者分开的方法有如下几种：

1）引诱法

蚯蚓有自动向新鲜饵料集中的习性，因此可以在上层添加新鲜饵料，引诱蚯蚓到上面新鲜饵料层，即离开处理好的蚓粪层，达到蚯蚓与蚓粪分离的目的。

2）热、光、电刺激法

蚯蚓受到热、光、电的刺激而逃离，尤其强光可以驱使蚯蚓向光弱的地方逃逸，于是可以把蚯蚓从消化过的残留饵料和蚓粪层中分离出来。若光、热协同作用，则分离效果更好。

3）机械分离法

这是利用网眼 3 mm 的筛网分离器（如振动筛）将蚓粪和蚯蚓分离。不过蚓粪含水率应低于 60%，方可用筛网分离器，否则易造成蚓粪黏在网眼上，或成团块不过筛。

（6）蚯蚓体内重金属含量随生长周期的变化规律

1）蚯蚓生长周期划分

蚯蚓一生经历卵茧、幼蚓期、若蚓期（即少年期）、成蚓期和衰老期五个生长时期，可见蚯蚓从蚓茧产下开始，经孵化、幼蚓成长直至成蚓，而又开始产卵，这种繁殖周期通常 50～120 天，对于“太平二号”或“北星二号”的爱胜属蚯蚓，其生长周期最短仅 47 天，最长 128 天。蚯蚓各个生长周期的特点如下：

①卵茧期——蚓茧孵化时间与环境温度有关，以“太平二号”为例：环境温度 10℃需 85 天；15℃需 45 天；20℃需 25 天；25℃需 19 天。环境温度高，孵化时间短，但不宜过高。

②幼蚓期——幼蚓期长短也与环境温度有关，以“太平二号”蚯蚓为例，环境温度 20℃，幼蚓期为 25～40 天，体态细小，长 5～15 mm（参见图 5-5），最初为白色丝绒状，稍后与成蚓同样颜色。

③若蚓期（少年期）——个体已接近成蚓，但性器官尚未成熟（未出现生殖环带），体长 40～50 mm（参见图 5-5）。对于“太平二号”蚯蚓而言，若蚓期为 20～30 天。

④成蚓期——这时蚯蚓生殖器官成熟，出现明显生殖环带，表明已进入繁殖阶段，体长 60～80 mm（参见图 5-5）。这是蚯蚓养殖过程最重要的经济收获时期，这时期养殖床需适宜温度、湿度、酸碱度以及良好的通透性，以促进蚯蚓高产、稳产，并延长蚯蚓寿命。蚯蚓的成蚓期占其寿命的一半，最短约 25 天，最长约 65 天。

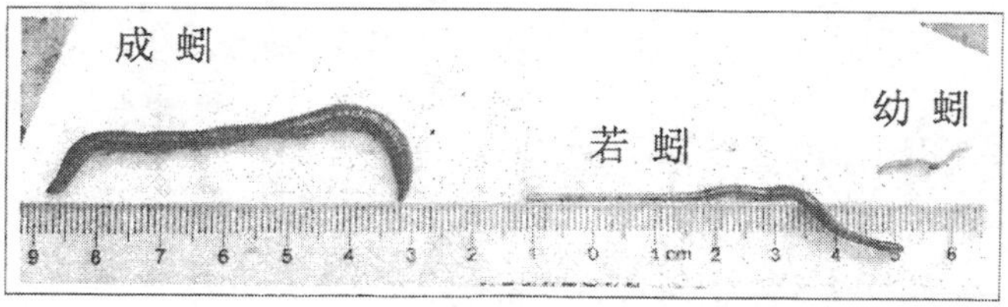

图 5-5 不同生长阶段的蚯蚓标准

2）蚯蚓不同生长时期重金属富集规律

在四川省内蚯蚓养殖处理市政污泥实验区采集“太平二号”幼蚓期、若蚓期、成蚓期等三个生长期的蚯蚓体及蚓粪，并通过先进的仪器进行重金属含量测定，测定结果列于表 5-25。

表 5-25 太平二号蚯蚓不同生长期体内重金属含量

单位：mg/kg

采样地	样品	As	Cd	Cr	Hg	Pb	Cu	Zn	Ni
A实验区	幼蚓	0.33	2.05	0.30	0.42	34.15	48.12	112.44	3.12
	若蚓	7.52	2.94	0.47	0.55	55.76	49.41	112.83	3.94
	成蚓	8.89	3.52	0.46	0.57	53.95	51.70	129.10	4.76
	蚓粪	10.47	1.16	107.76	1.08	52.58	149.81	647.40	41.96
B实验区	幼蚓	4.77	1.45	0.58	0.19	24.04	43.40	116.18	4.21
	若蚓	6.55	1.95	1.10	0.24	38.70	45.86	134.34	5.05
	成蚓	5.78	2.17	1.04	0.28	36.55	48.13	162.61	6.05
	蚓粪	10.30	1.13	90.09	0.45	32.82	132.32	422.12	48.13

从表 5-25 可以看出，随着蚯蚓成长，镉、汞、铜、锌、镍在蚯蚓体内具有增高现象，而砷、铅、铬从幼蚓到若蚓体内含量升高，但从若蚓可以成蚓又略有降低。为了评估蚯蚓不同生长时期吸收富集重金属效果，可通过计算“吸收富集系数”来予以评估，即通过蚯蚓粪中重金属含量与不同生长时期蚯蚓体内重金属量比值来评估蚯蚓不同生长期的重金属吸收富集系数（Sizmur，2011），其计算公式如下：

$$\mathrm{BAF} = \frac{C_e^i}{C_s^i} \times 100\%$$

式中，BAF——蚯蚓体内重金属吸收富集系数；

C_e^i——蚯蚓不同生长期体内 i 重金属含量，mg/kg；

C_s^i——蚯蚓粪中 i 重金属含量，mg/kg。

计算结果列于表 5-26。

表 5-26 蚯蚓不同生长时期对重金属的吸收富集系数 单位：%

采样地	样品	As	Cd	Cr	Hg	Pb	Cu	Zn	Ni
A 实验区	幼蚓	60.44	159.63	0.27	39.05	64.94	32.12	17.37	7.45
	若蚓	71.78	244.47	0.43	50.57	106.04	32.98	17.43	9.40
	成蚓	84.90	294.61	0.43	52.77	102.61	34.51	19.94	11.35
B 实验区	幼蚓	46.26	110.39	0.65	42.52	73.25	32.80	27.52	8.74
	若蚓	63.57	151.30	1.22	54.78	117.92	34.66	31.83	10.50
	成蚓	56.13	171.95	1.15	63.41	111.35	36.37	38.52	12.57

从表 5-26 可以看出除铅、铬随蚯蚓生长过程，其体内含量先升后降外，其他重金属则随着蚯蚓生长而在体内逐渐吸收富集，尤其镉富集最为明显，其富集系数增长 56%～85%。各种重金属元素在蚯蚓体内吸收富集能力从强到弱依次为镉＞铅＞砷＞汞＞铜＞锌＞镍＞铬。

（7）市政污泥蚯蚓养殖处理后重金属总量及化学态量的变化

蚯蚓蚕食富含有机质的市政污泥后以蚯蚓粪形式排出，污泥经这种处理过程，其中重金属总量及其化学态量将起一定变化，详见表 5-27、表 5-28。

表 5-27 市政污泥经蚯蚓养殖处理后重金属总量变化

单位：mg/kg

重金属	Cd	Cr	Pb	Cu	Zn
原污泥	1.0	258.3	35.2	286.9	702.3
蚯蚓粪	0.9	279.1	42.6	304.2	756.1

表 5-27 数据表明：市政污泥经蚯蚓养殖处理后，蚯蚓粪中镉降低 10%，而铬、铅、铜、锌分别增加 8%、21%、6%、8%。

表 5-28 市政污泥经蚯蚓养殖处理后化学态量的变化

重金属		Cd	Cr	Pb	Cu	Zn
交换态	原污泥	0.22	0.35	1.69	67.69	81.29
	蚯蚓粪	0.17	0.30	1.81	48.4	121.94
还原态	原污泥	0.20	0.25	1.89	5.89	84.59
	蚯蚓粪	0.14	0.13	1.68	5.72	118.16
氧化态	原污泥	0.10	38.31	0.44	83.13	17.89
	蚯蚓粪	0.09	38.41	0.13	70.03	24.08
残渣态	原污泥	0.58	219.09	30.98	130.3	518.23
	蚯蚓粪	0.50	240.24	37.38	179.88	491.83

注：表中“交换态”即离子交换态；“还原态”是指碳酸盐结合态，“氧化态”指铁锰氧化物结合态。

表 5-28 数据显示市政污泥经蚯蚓养殖处理后镉在四种化学态均有降低，其中交换态、还原态、氧化态、残渣态分别降低 22.73%、3%、1%、13.8%；而铬、铅、铜、锌处理后却有的化学态降低、有的化学态增加。

（8）蚯蚓粪的特性和功能

蚯蚓吞食有机废物（如市政污泥腐化产物），经其肠道有规律的新陈代谢过程，把其中有机营养成分降解转化为小而均匀的颗粒状粪便排出。蚯蚓粪具有独特的物理性质、化学组成和微生物区系，它颗粒细小而均匀，比表面积大，阳离子置换量大，有富集铁、锰、钙的作用；它养分全面，含可供植物利用的有机质、氮、磷、钾以及丰富的有益微生物和酶类物质（包括 17 种氨基酸），还含有植物生长激素；蚓粪的营养价值比市政污泥高好几倍，是高品质微生物有机肥，是生产有机食品所需上好的有机肥料，施入耕地土壤，可在植物根际形成良好的微生态系统，为植物提供适合生长的养分，还具有保水、保肥和改善土壤理化性质的功能。

1）蚓粪化学成分

① 主要化学成分

蚓粪主要化学成分见表 5-29，可以说农作物所需的大多数营养成分（包括宏量营养元素和微量营养元素）在蚓粪中大都存在，且含量较高，而且往往以可溶态和交换态存在。

表 5-29 蚓粪主要成分

成分	有机质	总氮	总磷	总钾	pH
含量/%	32.4	2.15	1.76	0.27	6.8～7.6

注：引自中国农科院土肥测试中心。

污泥经蚯蚓养殖处理后的蚓粪中，肥效有比较明显的增加，其中总氮含量增加 6%，碱解氮增加 315.38%，总磷增加 114.28%，速效磷增加 168.42%，总钾增加 52.17%，速效钾增加 300%，详见表 5-30。

表 5-30 市政污泥经蚯蚓养殖处理后肥效变化 单位：%

成分	有机质	总氮	碱解氮	总磷	速效磷	总钾	速效钾	碳氮比
原污泥中	49.3	1.98	0.013	0.7	0.019	0.23	0.02	24.90
腐熟污泥中	40.7	1.7	0.021	0.9	0.032	0.34	0.04	23.94
蚯蚓粪中	23.6	2.1	0.054	1.5	0.051	0.35	0.08	11.24

注：引自：四川省环境保护科学研究院技术所。

②重金属元素

蚯蚓对砷、镉、铬、汞、铅、铜、锌、镍等重金属元素具有相当高的耐受性，而且体内黄体组织中的黄色细胞尚能吸收富集重金属，从而避免重金属对蚯蚓器官的毒害（Kizikaya，2004）；蚯蚓能吸收富集污泥中的重金属，尤其对镉有较强的能力，Liu 等（2005）曾报道赤子爱胜蚓对土壤中镉的富集率达 60%。市政污泥经蚯蚓养殖处理后，其排出的蚓粪中重金属总量及各种化学态量产生一定变化；蚓粪中重金属含量见表 5-31。

表 5-31 蚯蚓粪中重金属含量 单位：mg/kg

元素	As	Cd	Cr	Hg	Pb	Cu	Zn	水分/%
蚯蚓粪 1	4.95	0.26	36.0	0.12	13.9	64.3	123	54.8
蚯蚓粪 2	—	0.90	279.1	—	42.6	304.2	756.1	—
蚯蚓粪 3	1.82	0.16	12.6	0.70	10.3	59.8	183	—
蚯蚓粪 4	1.62	0.24	13.2	0.058	4.48	62.7	104	—

总而言之，市政污泥经蚯蚓养殖处理后，其排泄物（蚯蚓粪）的理化性质发

生巨大变化，不仅污泥中的总氮、总磷、总钾都有不同程度提高，而且重金属含量都出现不同程度下降。根据有关实验数据计算，其中镉下降 13.85%、铬下降 27.98%、铅下降 32.81%、铜下降 23.86%、锌下降 31.4%、镍下降 22.92%。

成都地区有两个蚯蚓养殖处理市政污泥的实验区，分别为 A 区和 B 区，两个实验区市政污泥经蚯蚓养殖处理后重金属含量、pH 和有机质均产生不同程度变化，详见表 5-32 和图 5-6。

表 5-32 市政污泥经蚯蚓处理后重金属含量、pH 和有机质量的变化

单位：mg/kg

地点	样品	As	Cd	Cr	Hg	Pb	Cu	Zn	Ni	pH	有机质
A 实验区	脱水污泥	27.60	3.04	210.0	1.21	83.77	856.23	3257	114.17	6.63	54.25
	蚯蚓粪	10.30	1.13	90.09	0.45	32.82	132.32	422.1	48.13	7.66	43.45
B 实验区	脱水污泥	17.41	1.74	149.2	1.24	183.81	172.92	812.5	38.13	6.47	52.50
	蚯蚓粪	10.47	1.16	107.7	0.58	52.58	149.81	617.4	41.96	7.57	37.32

注：实测数据来自李文博（2015）。

表 5-32 中数据表明：

• 蚯蚓处理市政污泥过程，一方面将有机质分解转化为小分子有机酸和 CO_2，同时也产生大量氮气而影响腐殖化的酸碱性，同时蚯蚓分泌的黏液和钙腺分泌作用也会提高 pH（Ma et al.，2002；Wen et al.，2004）。

• 蚯蚓处理市政污泥过程，由于蚯蚓生命活动需要和微生物作用下，污泥中有机质被大量消耗，使蚯蚓粪中有机质降低了。

• 蚯蚓粪中重金属含量比之原污泥中的含量明显减少，甚至原来只能满足园林绿化使用的土壤改良剂（B 级泥质标准限值），蚯蚓处理后蚯蚓粪中重金属含量可达到农用 A 级泥质标准限值。

市政污泥经蚯蚓处理后重金属含量、pH 及有机质量的变化用对比图示可一目了然，见图 5-6（李文博，2015）。

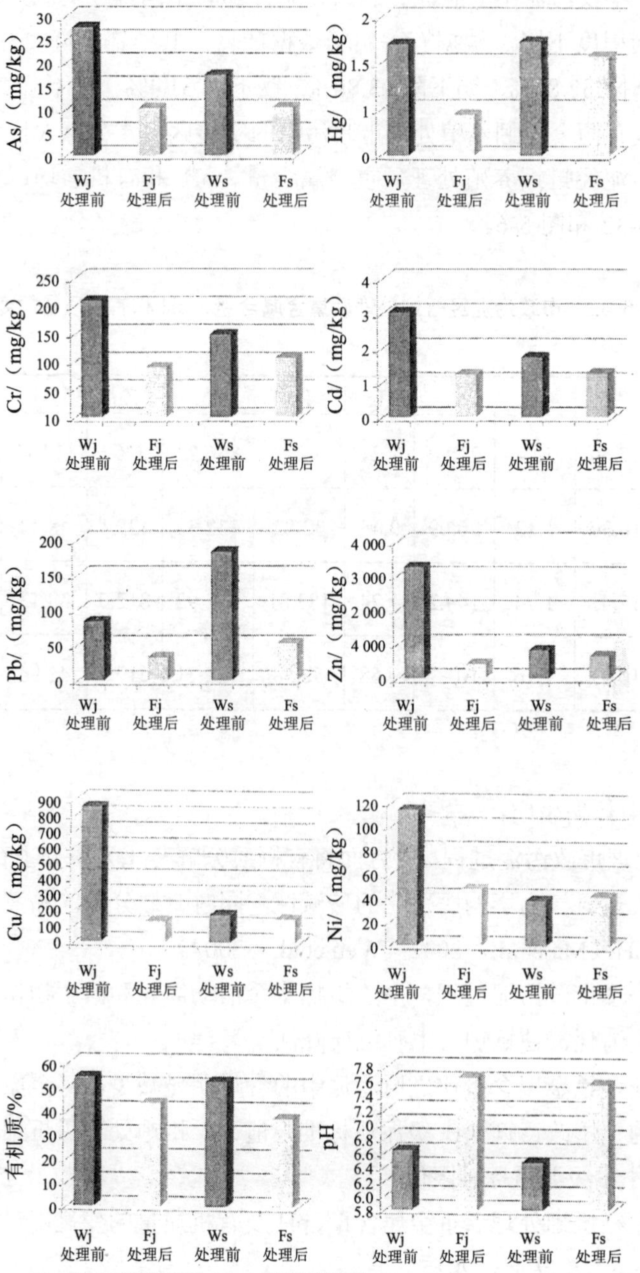

Wj：A 区处理前脱水污泥；Fj：A 区处理后蚯蚓粪；
Ws：B 区处理前脱水污泥；Fs：B 区处理后蚯蚓粪

图 5-6 市政污泥经蚯蚓处理后重金属元素、pH 和有机质浓度特征对比图

③蚯蚓粪中氨基酸、植物生长素及有益菌含量

蚯蚓粪中含有 32 种氨基酸，其中 17 种主要氨基酸含量列于表 5-33。蚯蚓粪中这些氨基酸组成均是农作物所必需的，它们对农作物生长发育起着重要作用，容易被作物吸收，肥效快；它们对作物不仅提供氮源，而且还可以减轻重金属对作物的毒害。蚯蚓粪中还含有植物生长调节剂[如生长素（IAA）、细胞分素（IPA）及赤霉素（GA3）等]以及有益菌（细菌、放线菌、真菌等），详见表 5-33。

表 5-33 蚯蚓粪中氨基酸、植物生长素及有益菌含量

成分		含量/%	成分		含量/（μg/g）
氨基酸	丝氨酸	0.20	植物生长调节剂	生长素（IAA）	3.80
	脯氨酸	0.42		细胞分素（IPA）	1.05
	丙氨酸	0.52		赤霉素（GA3）	2.75
	缬氨酸	0.54	有益微生物/（个/g）	细 菌	1.8×10^8
	异亮氨酸	0.34		放线菌	2.8×10^8
	酪氨酸	0.28		真 菌	2.0×10^8
	赖氨酸	0.54	Ca		8.6
	精氨酸	0.33	Mg		2.51
	苏氨酸	0.28	Na		3.03
	谷氨酸	1.14	Fe		910
	甘氨酸	0.52	Mn		218
	胱氨酸	0.18	Cu		7.2
	蛋氨酸	0.11	Zn		68.36
	亮氨酸	0.55	B		0.35
	苯丙氨酸	0.44	水分		36.1%
	组氨酸	0.40			
	天冬氨酸	0.71			
	总 量	7.5			

注：引自孙振钧等《蚯蚓反应器与废弃物肥料法技术》，表中数据是鲜蚯蚓粪中氨基酸等的含量。

④影响蚯蚓吸收市政污泥中重金属的因素

• 蚯蚓种群的差异

用来处理市政污泥的蚯蚓主要是粪蚯蚓，而且是爱胜蚓属，其中被广泛使用的是赤子爱胜属蚯蚓（*Eisenia foteida*）。

• 蚯蚓生理调节功能

蚯蚓对不同类型的重金属有不同的适应性反应，它可通过自身的生理功能进

行调节，以达到吸收与排泄的动态平衡。市政污泥中不同重金属的化学态类型是不同的，蚯蚓处理污泥可否改变重金属的化学类型及其含量，目前尚不清楚。

• 蚯蚓调节 pH

蚯蚓通过分泌的黏液和钙腺的分泌作用，使蚯蚓粪 pH 提高（见表 5-32），于是使蚓粪中重金属的生物可利用性降低；但也有认为蚓粪 pH 降低，使重金属的生物可利用性提高（Ma et al.，2002，Wen et al.，2004，Yu et al.，2005）。

2）蚯蚓粪功能

当重金属含量符合土地利用限量指标的市政污泥采用蚯蚓养殖处理，是较好选择，因市政污泥初步腐熟经蚯蚓吞食消化后，排出的蚓粪含丰富的植物所需营养成分及有益菌和植物生长调节剂，用它生产生物有机肥料，是集营养、防病、刺激植物生长于一体的多功能优质有机肥料，其中蚓粪的主要功能表现在如下几方面：

①改善土壤物理性质

蚯蚓粪可以使土壤容重和 pH 有所下降，这是因为蚯蚓粪比表面积大，加之蚯蚓食道钙脉能分泌过剩的钙或碳酸盐中和有机酸，调节蚯蚓体内酸碱平衡，因而能使土壤容重和 pH 有所下降。总孔隙度有所升高，改善土壤通气性，缓解土壤板结。总之，施用蚯蚓粪制作的有机肥料，可明显改善土壤结构，增强土壤团粒作用。

②提供全面营养成分，提高农产品品质

蚓粪可为耕地土壤提供大量有机质，提高土壤有机质含量达 7%～15%，而且施用蚓粪将明显增加土壤中有益微生物数量（其中细菌增加 2 倍，放线菌增加 1.27 倍，真菌增加 2.21 倍，总量增加 1.64 倍），微生物数量大幅度增加，这势必促进有机质分解和有效养分的释放。蚓粪中微生物降解有机质为土壤提供碱解氮、速效磷、速效钾，提高养分生物有效性和利用率，据实验施用蚓粪可使土壤中碱解氮增加 28.5%，速效磷增加 6.3%，速效钾增加 26.3%，这可满足农作物对氮、磷、钾的迫切需求，提高农作物品质（瓜果甜度提高，蔬菜鲜嫩，棉花、茶叶、烤烟达优质等级）。

③激活土壤中酶的活性

蚓粪施入土壤，将使土壤中各种酶（如脲酶、过氧化氢酶、磷酸酶、蔗糖酶等）的活性都有所提高，其中脲酶活性增加 140%～230%，过氧化氢酶活性提高 10%～15%，因而提高土壤中各种生物化学反应的强度，促进土壤中有机质分解速率。

④增强作物抗逆性、抑制农作物多种疾病发生

由于蚯蚓粪含有微生物合成的生长素和抗生素物质，能使农作物根系发达，增强作物抗灾能力，能抑制诸如黄瓜的枯萎病、红薯黑斑病、白菜软腐病、茄子花叶病、花生线虫病等多种病症。

3）蚯蚓粪中重金属元素的潜在生态风险评价

这里采用哈肯逊潜在生态指数法评价蚯蚓粪中重金属元素的潜在生态风险，该方法是将蚯蚓粪中重金属含量实测值代入评价指标的公式，计算单个重金属相应的生物毒性系数（E_r^i），继而计算多个重金属生态风险系数（RI），并与标准值对照比较，然后评价其潜在生态危害程度。

①蚯蚓粪中重金属元素含量，见表 5-34。

表 5-34　蚯蚓粪中重金属含量　　单位：mg/kg

重金属	As	Cd	Cr	Hg	Pb	Cu	Zn	Ni
A 区	10.30	1.13	90.09	0.45	32.82	132.3	422.1	—
B 区	10.47	1.16	107.7	0.58	52.58	149.81	617.4	—
C 区	4.95	0.26	36.0	0.12	13.9	64.3	123	—
D 区	1.82	0.16	12.6	0.70	10.3	59.8	183	—
E 区	1.62	0.24	13.2	0.05	4.48	62.7	104	—

②评价指标计算

• 单个重金属污染系数 C_j^i 计算

$$C_j^i = C_w{}^i / C_A{}^i$$

式中，C_j^i—— 单个重金属污染系数；

$C_w{}^i$—— 蚓粪中重金属实测值；

C_A^j—— 农用 A 级泥质标准。

以重金属元素 A 级泥质农用标准来计算蚯蚓粪中单个重金属污染系数 C_j^i，结果列于表 5-35。

表 5-35　蚯蚓粪中单个重金属污染系数 C_j^i

重金属	As	Cd	Cr	Hg	Pb	Cu	Zn
A 区	0.34	0.38	0.18	0.048	0.11	0.26	0.28
B 区	0.35	0.39	0.22	0.193	0.18	0.30	0.41

重金属	As	Cd	Cr	Hg	Pb	Cu	Zn
C 区	0.17	0.09	0.07	0.04	0.05	0.11	0.08
D 区	0.06	0.05	0.03	0.23	0.03	0.12	0.12
E 区	0.05	0.08	0.02	0.02	0.01	0.13	0.07

• 蚯蚓粪中单个重金属生物毒性系数（也称潜在生态风险因子）

• 单个重金属生物毒性 E_r^i 计算

$$E_r^i = T_r^i \times C_j^i$$

式中，E_r^i—— 单个重金属相应生物毒性系数（也称生态风险因子）；

T_r^i—— 单个重金属毒性的系数。

将单个重金属污染系数 C_j^i 乘以该重金属毒性系数（T_r^i），求得该重金属生物毒性系数（E_r^i），详见表 5-37。

• 多个重金属潜在生态风险系数 RI 计算

将单个重金属生物毒性系数累加便得多个重金属潜在生态风险系数 RI:

$$\mathrm{RI} = \sum_{i=1}^{n} E_r^i$$

式中，RI——多个重金属潜在生态风险系数。

• 重金属元素 A 级泥质农用标准及毒性系数，见表 5-36。

表 5-36 重金属元素的 A 级农用标准和毒性系数（T_r^i）

重金属	As	Cd	Cr	Hg	Pb	Cu	Zn	Ni
农用 A 级标准/（mg/kg）	<30	<3	<500	<3	<300	<500	<1 500	<100
毒性系数（T_r^i）	10	30	2	40	5	5	1	5

表 5-37 蚯蚓粪中单个重金属生物毒性系数（E_r^i）和潜在生态风险系数（RI）

重金属	As	Cd	Cr	Hg	Pb	Cu	Zn	RI
A 区	3.4	11.4	0.36	1.92	0.55	1.3	0.28	19.21
B 区	3.5	11.7	0.44	7.72	0.90	1.5	0.41	26.17
C 区	1.7	2.7	0.14	1.6	0.25	0.65	0.08	7.12
D 区	0.6	1.5	0.06	9.2	0.15	0.60	0.12	12.23
E 区	0.5	2.4	0.06	0.8	0.05	0.65	0.07	4.53

表 5-38 重金属元素生态风险划分标准

标准	轻微	中等	强	很强	极强
E_r^i	＜40	＞40，＜80	＞80，＜160	＞160，＜320	＞400
RI	＜150	＞150，＜300	＞300，＜600	＞600，＜1 200	＞1 200

表 5-37 数据与表 5-38 划分标准对比，表明市政污泥经蚯蚓养殖处理后，重金属潜在生态风险明显降低，E_r^i 均小于 40，RI 均小于 150，作为农用，生态风险轻微。以 A 区和 B 区为例，蚯蚓粪中重金属生态风险从大到小依次为 Cd＞Hg＞As＞Cu＞Pb＞Cr＞Zn，各种重金属相比，蚯蚓粪中潜在生态危害贡献较大的是 Cd 和 Hg。

③结论

• 蚯蚓处理污泥后的蚓粪中 pH 升高，平均增幅 1.07；而有机质却明显降低，重金属含量也降低，均低农用 A 级标准值（CJ/T 309—2009）。

• 蚯蚓粪中镉、铅、铜生物可利用性略有增强，尤其镉的潜在生态危害性大，应密切注视蚓粪中镉含量，当镉含量即使小于 3 mg/kg，但大于 2 mg/kg，则应采取惰性化措施（如提高 pH），使镉施入土壤中处于惰性状态。汞、砷、铬因以残渣态为主，生物可利用性低。

（9）蚯蚓粪生产多功能有机复合肥工艺技术

蚯蚓粪生产多功能有机复合肥大致步骤：蚯蚓与蚓粪分离→蚓粪过筛提纯→添加有益活性菌和磷肥及钾肥等以及钼、硼、硒→均匀混合→造粒、包装→入库待售。

蚯蚓粪生产多功能有机复合肥是一种深加工过程，主要是依据不同农作物营养需求以及土壤养分供给状况，以蚓粪为核心和载体，整合活性微生物菌剂（固氮菌、解磷菌、解钾菌等），再配以一定比例的化肥和中、微量营养元素（镁、铁、锰、钼、硼、硒）等，经均匀混合，生产多功能有机复合肥，它是集有机肥的长效性、微生物调节功能以及化肥高效性于一体，具营养、防病、刺激植物生长的优质有机—无机化合肥料，是用于生产有机食品的首选肥料，它具有显著的改土培肥、增加农业产量和改善农产品品质的功效。

（10）蚯蚓的价值

蚯蚓以及蚯蚓制品具有丰富的蛋白质，它既可作为高蛋白动物饲料，又有很高的药用价值，被传统中医入药使用，又可提取脑啡肽和活性酶，用于保健品和化妆品制剂。

（11）四川省内蚯蚓养殖处理市政污泥实例

四川省最早是由许禄钟高工指导下在成都航空港生活污水处理厂内进行蚯蚓养殖处理污泥的实验，成功后分别由成都双流洁诚污泥处置有限公司何克岷和王浩在双流进行大田和大棚蚯蚓养殖处理污泥，占地面积 100 亩（养殖面积约 80 亩），处理规模为 50 t/d（含水率 80%），每亩投入蚯蚓量 1 110 kg，处理效果尚好，但蚯蚓粪市场不通畅。另外，四川省绿山公司也从航空港蚯蚓养殖取得经验后，在温江区开展大田和大棚蚯蚓养殖处理污泥，占地 200 亩，处理规模 200 t/d（含水率 80%）。投资 1 000 万元，取得基本成功，但蚯蚓粪市场不畅。

5.2 市政污泥的生物质能源再生利用

市政污泥为高含有机质的生物质废物，据不完全统计，国内 21 座城镇生活污水处理厂污泥中有机质含量平均为 37.18%。四川省 35 座主要城镇生活污水处理厂污泥中有机质含量平均为 49.19%（详见表 3-24）。当然，污泥中有机质含量高，其热值也必然高。全国 29 座生活污水处理厂混合污泥低位热值平均为 14.654 MJ/kg（干基）；四川省主要城镇 35 座生活污水处理厂污泥低位热值平均为 12.10 MJ/kg（干基）（详见表 3-24）。由此可见，市政污泥是完全可利用其中的生物质通过厌氧消化转化为清洁燃气成为一种新能源；也可以干化作为燃料进行焚烧发电或取暖，或者热解气化获取燃料气。总之，市政污泥可以采取生物化学和热化学工艺技术提取市政污泥中生物质能源作为污泥再生利用重要途径。

5.2.1 市政污泥新型高效厌氧消化制生物天然气工艺技术

市政污泥新型高效厌氧消化制取生物天然气工艺技术是目前市政污泥处置行业大力推荐的工艺技术，是市政污泥实现能源化利用的新型技术，是在彻底消除它对环境污染的同时，产生生物天然气的清洁能源。从节能减排形势以及污泥再生利用方面，该工艺技术十分符合固体废物循环利用原则，而且达到 CO_2 的归零排放。市政污泥中有机质含量高、易降解、含水率高的特性，恰恰适合采用厌氧消化处理。

厌氧消化也称厌氧发酵，它是指在无氧或缺氧封闭体系环境中，经过几种厌氧微生物组合体的自身生命活动而不断完成生化降解作用，使市政污泥中有机物的碳素化合物部分被彻底氧化分解成 CO_2，另一部分彻底还原成 CH_4 的过程，这些产物即为沼气，随后进一步净化提纯为生物天然气，这是一种高品位可燃性气体。新型高效厌氧消化工艺不同于传统的厌氧消化工艺，它是由热水解预处理+高浓度厌氧消化+沼气净化提纯的组合工艺，也称市政污泥燃气化工艺技术。

（1）新型高效厌氧发酵工艺技术原理

20 世纪 80 年代以来，随着 UASB、IC 等厌氧消化罐的开发极大促进高浓度有机废水厌氧消化技术发展，但由于固体有机物水解限速问题未解决，传统的厌氧消化技术应用于市政污泥处置受到较大限制。2004 年以来，顺应全球生物质燃气化开发利用的需要，以解决固体有机物水解限速为目标的“热水解预处理—高浓度厌氧消化”的组合工艺技术予以开发利用，同时沼气的生物天然气（BNG）提纯技术和装备也得到开发利用，这使新型高效厌氧消化工艺技术被一些大城市市政污泥处置专项规划所采用，目前国内已有样板工程，如北京高碑店污水处理厂污泥高级厌氧消化工程，处理规模 1 358 t/d（含水率 80%）；山东淄博市唯亿低碳环境园污泥燃气化工程，处理规模 493 t/d。

所谓新型高效厌氧消化工艺，是指由热水解预处理和高浓度厌氧消化以及沼气净化提纯技术的完美组合工艺，其工艺流程如图 5-7 所示。

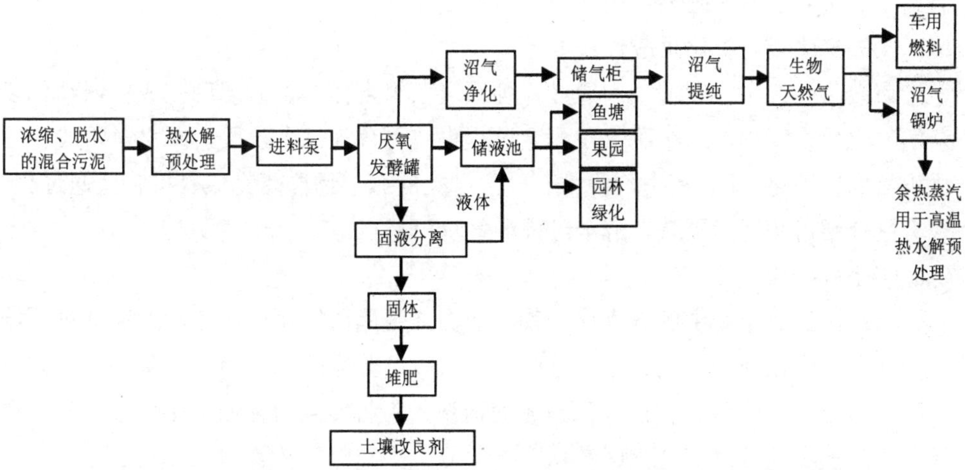

图 5-7 市政污泥新型高效厌氧发酵工艺流程

上述工艺设计和系统集成的关键装备主要是污泥热水解预处理罐、高浓度厌氧消化罐和沼气提纯设备。

1）污泥热水解预处理罐

污泥热水解预处理工艺是挪威康碧（Cambi）公司领先技术，由普拉克公司合作引进，该工艺是使用高压蒸汽对市政污泥进行水热闪蒸而强化水解的预处理。热水解预处理罐类似高压锅，罐内蒸汽温度150～170℃，然后瞬间卸压、闪蒸，迫使污泥结构和性状发生变化，微生物细胞开始破碎，胶体物质解体，固液分离效果和生物降解性能显著改善，因而改善污泥黏滞性，促进污泥中有机物水解加速，提高厌氧消化罐进泥含固率（≤12%），使后续厌氧消化过程加速，提高厌氧消化效率，加速污泥中有机物转化为沼气，提高沼气产量 15%～20%，达到在传统厌氧消化设备不变的条件下，使原有厌氧消化罐扩容的目的。总而言之，热水解预处理实现市政污泥潜能回收利用最大化、厌氧消化快速、沼渣脱水性能改善的目的；改变传统厌氧消化进泥含固率低（2%～4%）、固体有机物水解速率低、生物降解困难的弊端。

2）高浓度厌氧消化罐

厌氧消化罐是厌氧消化工艺技术的关键装备，是市政污泥厌氧发酵工程的核心系统，它包括厌氧消化罐内生化反应过程、厌氧消化罐的设计、厌氧消化罐工艺选型、厌氧发酵关键参数选定。

厌氧消化罐内生化反应过程如下：

市政污泥在厌氧发酵罐内通过几种厌氧菌组合体的生命活动完成代谢消化复杂的生化反应过程，这个厌氧发酵全过程大致可分为三个阶段，即水解阶段、酸化阶段和甲烷化阶段，每个阶段都有一定种类的微生物群落完成有机物代谢过程。现分别介绍市政污泥厌氧发酵全过程的各阶段特点。

①水解阶段

市政污泥有机物中的碳水化合物、蛋白质及脂肪等物质，在此阶段通过纤维素分解菌、蛋白质分解菌、脂肪分解菌等厌氧菌分泌的胞外酶代谢降解作用，使碳水化合物（纤维素和淀粉）分解成葡萄糖、脂肪转化为甘油和脂肪酸、蛋白质转化氨基酸和肽等可溶性代谢产物。

②酸化阶段

水解产物在酸化阶段经产氢、产乙酸菌胞内酶代谢降解作用，使葡萄糖、脂肪酸和氨基酸等水解产物转化为氢和醋酸（乙酸），料液 pH 降低。由于酸化阶段的酸化菌群繁殖较快，因此酸化阶段滞留期较短，通常 1～2 天。

③甲烷化阶段

这阶段主要由产甲烷菌分泌的酶将醋酸分解为 CH_4 和 CO_2，同时利用氢还原二氧化碳生成 CH_4，这是厌氧发酵过程的最关键步骤，由于产甲烷菌繁殖较慢，因此甲烷化阶段滞留期较长，通常都要 2～7 天。

综上所述，市政污泥厌氧发酵全过程是由水解产酸菌群、产氢产乙酸菌群及产甲烷菌群的生命活动过程一系列生化反应组成的。市政污泥厌氧发酵全过程见图 5-8。

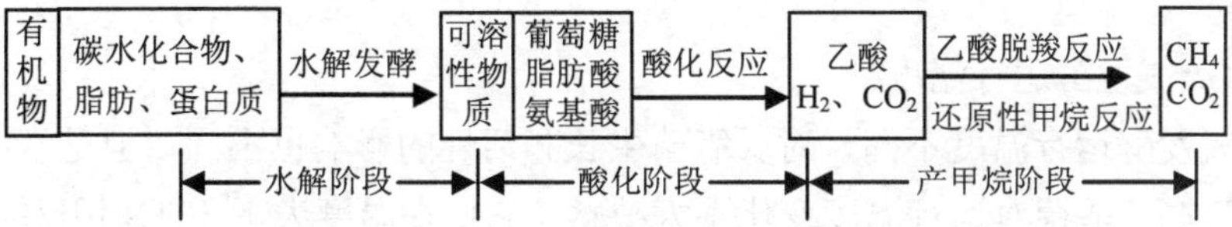

图 5-8　市政污泥厌氧发酵全过程

（2）市政污泥厌氧发酵的影响因素

厌氧发酵过程实质上是厌氧菌不断进行新陈代谢和生长繁殖的生命活动过程，因此要使市政污泥厌氧发酵正常进行，就必须保证厌氧菌生命活动正常进行的环境条件，包括原料（市政污泥）性质、厌氧发酵温度、料液酸碱度及氧化还原电位。总之，市政污泥厌氧发酵的影响因素主要有以下几个方面：

1）原料（市政污泥）性质

原料性质主要是含固率/含水率和碳氮比。

①原料中有机固体浓度

不同厌氧发酵装置所需的进料最佳浓度是不同的，对于湿法厌氧发酵而言，一般要求市政污泥中有机固体含量（TS）最高不超过 5%～8%，但是目前采用“热水解预处理”后进泥含固率可大于 10%，实现污泥厌氧发酵的高浓度进料（王伟，2015）。

②原料中的水分

市政污泥空隙内持水能力一般较高，当污泥含水率超过其持水能力，水分便可在污泥空隙内运动，它可促进厌氧菌胞外酶溶解而促使可溶性有机物水解转化，因此市政污泥含水率是厌氧发酵成功的基本条件，是形成良好产气环境的重要条件，一般较高的含水率，产气率较高，产气量也较大。

③原料碳氮比

在厌氧发酵过程，厌氧菌生长繁殖需要一定比例的碳素和氮素，适宜厌氧菌生长繁殖的碳氮比为（12～16）∶1，如果料液碳氮比大于16∶1，表明氮素不足，厌氧菌生长繁殖受限制，有机物降解率减缓；反之，料液碳氮比小于 12∶1，表明氮素过剩，易导致厌氧发酵系统中氨浓度过高，严重的将导致停产。总之，为保证厌氧发酵正常进行，必须调配料液的碳氮比在（12～16）∶1 范围内，适宜的碳氮比才能保证正常的产气率和产气量。混合污泥碳氮比等于7∶1，必须把比例调高。

2）厌氧发酵运行温度

厌氧发酵运行温度不同，对厌氧菌生长和活性的影响也不同，但是水解产酸菌和产氢产乙酸菌对运行温度变化不太敏感，它们在温度大于10℃时开始活动；而产甲烷菌对运行温度变化特别敏感，它在温度大于15℃时开始活动，而且运行温度 30～35℃和 50～55℃分别是嗜中温产甲烷菌和嗜高温产甲烷菌生长繁殖最佳温度范围，对水解产酸菌也有良好影响，其中35℃是一个产气高峰，55℃又是一个产气高峰，可是40～50℃范围都不适宜产甲烷菌生长繁殖，在这个温度范围内产气率下降。总之，厌氧发酵运行温度超过产甲烷菌适应范围，产气率下降，甚至停止。不过在同一发酵温度类型下的恒温发酵时，1 小时内允许发酵温度变动1.5～2.0℃，超过2℃变动就会抑制产气率，一旦超过5℃急剧变化，就会突然停止产气。因此，应安装温度计在线监测，若发现市政污泥厌氧发酵过程有较大池温偏差应立即纠正。

3）料液酸碱度

料液酸碱度对厌氧发酵过程的产酸菌和产甲烷菌都有影响，尤其产甲烷菌对料液酸碱度变化特别敏感，它在pH 6.8～7.4 范围方能保持适当活性，如果市政污泥中有机物降解过程产生的中间产物（乙酸和氢等）超过产甲烷菌利用乙酸和氢的最大能力，这将导致乙酸积累而引起发酵系统pH下降，使产甲烷菌活性降低，减少对乙酸和氢的利用，若不采取减少进料量或减少水力负荷等工程措施，将导致恶性循环，使乙酸进一步积累，发酵系统 pH 大幅度下降，以至于造成产甲烷菌活性几乎停止。总之，市政污泥厌氧发酵过程中料液 pH 是至关重要的控制因素，在厌氧发酵工程中应安装pH及CH_4、CO_2含量自动测定仪的在线监测，以便及时发现厌氧发酵过程pH下降是否偏离适宜值，一旦发现pH偏离适宜值，应及时调整进料量和添加弱碱物质，使厌氧发酵过程趋于正常。

4）厌氧发酵过程的 E_h 值控制

厌氧发酵是在无氧或缺氧条件下进行，尤其专性厌氧菌（产甲烷菌）必须具备严格的无氧环境，只要有氧溶入或市政污泥中有氧化剂和氧化态物质存在，就会毒害和抑制产甲烷菌活性，甚至停止其生命活动。严格的无氧环境，其标志着料液 E_h 值为负值，对于产甲烷菌而言，它们在中温厌氧发酵过程适宜的 E_h 值应小于-350 mV；在高温厌氧发酵过程适宜的 E_h 值应小于-550 mV。

（3）厌氧发酵罐的设计

厌氧发酵罐是市政污泥中有机物在厌氧菌群作用下进行厌氧发酵产生沼气的密闭装置，也称厌氧反应器，这是厌氧发酵工程的最关键装置，其主要功能是供厌氧菌繁殖、有机物分解及沼气生成，因此必须周密考虑技术设计，其设计应根据市政污泥特性、处理规模、温度条件以及沼气回收、沼液和沼渣利用等因素，进行技术经济比较，确定发酵罐总容积和结构形式。

1）发酵罐制罐技术

发酵罐制罐技术多采用预制的圆柱形钢筋混凝土罐，其中钢筋结构制作安装和土建工程施工应交叉进行，尤其特别注意密封层施工，保证严格密封，严防漏气漏水。此外国内也有采用孙全进教授引进德国 Farmetic 公司研发的搪瓷钢板拼装制罐技术，它是采用预制的柔性搪瓷钢板，通过现场相互搭接，并用螺栓紧固，按设计规模拼装成所需容积的圆柱形厌氧发酵罐。搪瓷钢板及其螺栓之间镶嵌入特制的高强度密封剂进行严格密封。搪瓷钢板发酵罐结构简单、坚固（见图 5-9，图 5-10）。安装简便，耐腐蚀、低成本，维修方便，值得推广。

图 5-9　搪瓷钢板沼气发酵罐施工安装

图 5-10 搪瓷钢板沼气发酵罐

2）厌氧发酵罐工艺选型

在市政污泥的沼气工程中选用的厌氧发酵罐工艺类型主要是全混合式厌氧发酵罐（CSTR）。塞流式厌氧发酵罐（PFR）和升流式厌氧发酵罐（UASB）少用。

全混式厌氧发酵罐——在发酵罐内采用搅拌和加热技术，发酵罐内设高效机械搅拌装置（见图 5-11），其顶部安装立轴式搅拌器，在一根轴上设有上、下搅拌桨，搅拌桨低速旋转，可将发酵罐内料液形成由内到外、由上到下的高效混合流动；在罐顶液面位置还配有高速旋转的浮渣破碎搅拌装置，可将顶部的浮渣泡沫均匀混合到发酵罐内。在发酵罐底部对称位置处设排沙管口，可定期排放罐底沉淀物。这种全混式厌氧发酵罐由普拉克公司引进，它可使进入发酵罐的总悬浮固体（TS）达到 15%～20%，具处理量大、产沼气多、易启动、便于管理、运行费相对较低等优点，适于高浓度及含有大量悬浮固体的原料，得到较广泛使用。这类厌氧发酵罐的主要工艺技术参数列于表 5-39。

表 5-39 全混式厌氧发酵罐的主要工艺技术参数

项目	料液浓度/TS%	料液碳氮比	投料体积比/%	料液pH	HRT/d	容积有机负荷/[kg COD/（m^3·d）]	池容产气率/[m^3/（m^3·d）]
参数	15	15～25	≥90	7.0～7.5	20	3.0～4.0	1.2～1.5

注：（1）发酵温度 35±1℃。

（2）全混式厌氧发酵罐里 HRT、SRT、MRT 是相等的，只有靠延长 HRT 来延长 MRT。

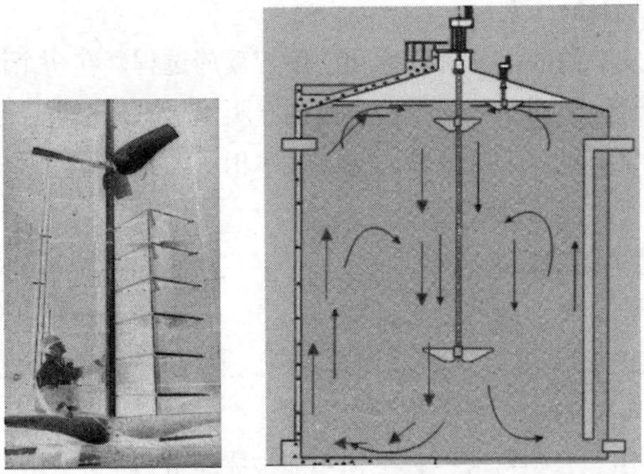

图 5-11 全混式厌氧发酵罐（内装立轴式 Stamo®搅拌器）

3）厌氧发酵反应的工艺类型

①按厌氧发酵温度划分

- 常温厌氧发酵工艺[10～26℃，（20±2）℃较适宜]
- 中温厌氧发酵工艺[28～38℃，（35±2）℃较适宜]
- 高温厌氧发酵工艺[40～60℃，（55±2）℃较适宜]

工程上通常选择中温或高温厌氧发酵工艺，中温厌氧发酵工艺的优势是低的能量需求，而高温厌氧发酵工艺的优势是高反应速率和高去除致病菌的能力。

②按投料方式划分

- 连续厌氧发酵工艺——连续投料
- 半连续厌氧发酵工艺——半连续投料
- 批量厌氧发酵工艺——批量投料

③按厌氧发酵不同阶段划分

厌氧发酵一般包括三个阶段，即水解、酸化及产甲烷三个阶段，每个阶段都有独特的微生物群落，于是厌氧发酵工艺类型便有一段式或两段式。

- 一段式厌氧发酵工艺

这是指厌氧发酵水解和酸化阶段的酸化分解过程和产甲烷阶段的产甲烷反应过程在同一厌氧发酵罐内（同一反应器内）运行。工程上多采用一段式厌氧发酵工艺。

·两段式厌氧发酵工艺

这是指厌氧发酵的酸化分解过程和产甲烷反应过程，在两个消化罐内运行。根据料液水质（污泥泥质）不同，可采用同一类型厌氧反应器，也可选用不同类型厌氧反应器，如第一个采用不易堵塞、效率稍低，且可非密闭的反应器，第二个可采用新型高效、密闭的反应器。

4）厌氧发酵关键参数的选定

厌氧发酵关键参数包括水力滞留期（HRT）、固体停留期（SRT）、有机容积负荷（也称 COD 负荷）、发酵罐有效容积、池容产气率等，现分述如下。

①水力滞留期（HRT）

HRT 不可过小，否则料液中有机物不能被完全分解；也不可过大，不然发酵罐容积要增大，池容产气率下降。对中温厌氧发酵而言，HRT 可参照表 5-40 所列参数选取。

表 5-40　不同厌氧消化反应工艺类型的水力滞留期

反应工艺类型	全混式	升流式	塞流式
HRT/d	10～20	8～15	15～20

水力滞留期计算公式：

$$\mathrm{HRT}=\frac{\text{发酵罐有效容积}(\mathrm{m}^3)}{\text{每天进料量}(\mathrm{m}^3/\mathrm{d})}$$

②固体停留期（SRT）

固体停留期也称泥龄，它是厌氧发酵工艺设计的最基本参数，因为它关系到厌氧发酵罐内固体有机物降解率，提高固体有机物降解率的有效措施是延长泥龄（SRT），一般要获得稳定的处理效果，就必须保持较长的泥龄。不过为了确保必需的厌氧菌增长率同每日固体有机物消耗率相同，厌氧发酵过程必须保证最小 SRT 值（即临界值），低于该值，产甲烷菌将被排出，发酵失效。对于不同发酵温度而言，SRT 临界值是不同的：25℃为 7.5 天，35℃为 4.2 天。

③容积有机负荷[kgCOD/（m^3·d）]

这是指厌氧发酵罐每日单位容积（m^3）荷载有机物（COD）的量，工程上又称 COD 负荷，它是衡量厌氧发酵罐处理能力大小的指标，也是衡量一个沼气工程产气率的重要指标，其不可过高，否则可能产生有机酸积累，料液 pH 下降，抑制厌氧发酵进程（产甲烷菌活性降低）；也不可过低，不然就要增加发酵罐容积，且产气率低。通常市政污泥中温厌氧发酵的容积有机负荷取值 0.6～1.5 kgCOD/（m^3·d）。

④发酵罐有效容积（V_1）

发酵罐有效容积指料液在发酵罐内占有的容积，它与每日料液进料量、浓度、密度及 HRT 有关，其计算公式：

$$V_1=(Q/\eta)\times 100$$

式中，V_1——发酵罐有效容积，m^3；

Q——每日料液进料量，m^3/d；

η——料液投配率，即每日加入的料液体积与发酵罐发酵间体积的比率，%，通常η取值 5%～12%，中温厌氧发酵的投配率取值 6%～8%。

⑤池容产气率

池容产气率是指发酵罐单位容积每日产气量，它是评价发酵罐效率的重要指标，单位：m^3/（m^3·d）。理论上每去除 1 kg COD_{Cr}，可产生 0.35 m^3 甲烷。每吨市政污泥厌氧发酵产生甲烷量 640 m^3。

（4）出料系统

市政污泥经厌氧发酵后产生的“糟粕”（沼液+沼渣）流入集液管，然后进入螺杆压榨脱水机进行脱水处理，随之分别收集沼液和沼渣入池。由此可见，出料系统包括出料口、集流管、脱水机以及沼渣池和沼液池。

（5）沼气净化、提纯、储存和利用系统

本系统的精心设计是确保市政污泥生物燃气化工程目标实现的关键步骤。

1）沼气净化

市政污泥厌氧发酵产生的沼气是由 CH_4 和 CO_2 以及少量 H_2S、水汽等组成，CH_4 含量 60%～70%，CO_2 含量 30%～40%，H_2S 含量 0.1～10 g/m^3，因此必须进行净化处理。沼气净化包括去湿、除浊和脱硫处理，其中 H_2S 通过脱硫净化塔去除，沼气脱硫有物化法和生物法两种，其中物化法有干法和湿法之分，干法脱硫剂为氧化铁，湿法脱硫剂为 NaOH 或 Na_2CO_3 溶液；生物法是通过脱硫细菌的脱硫作用，将 H_2S 转化为单质硫。沼气中含的饱和水汽可通过气水分离器（冷凝器）凝结去除。除浊可采用沉淀物捕集器去除沉淀物。

2）沼气提纯

这是沼气品位提高的关键步骤。厌氧发酵罐产出的沼气先通过沼气净化系统

的脱硫塔去除 H_2S，又经过冷凝器去除沼气中水汽，净化后的沼气送入加压的储气柜，最后净化了的沼气进入一种专用醇胺吸收液（CAPure®吸收液）的沼气提纯系统，利用含胺化合物 CAPure®吸收液吸收沼气中 CO_2，从而提纯回收沼气中 CH_4，生产的 CH_4 纯度可达 99.9%，可用于车用燃料。目前国内在吸收—吸附多级组合工艺和高压水洗工艺方面已实现重大突破，超高纯生物天然气（BNG）的精制及多组合同步回收技术已达国际先进水平。

3）沼气储存

净化后的沼气或提纯的生物天然气，由于产生量是变化的，而生物天然气使用通常又是间歇的，为了保证正常供气，必须设置加压储气装置（储气柜）来储存提纯的生物天然气，这是一种双层膜储存器。

4）沼气利用

生物天然气是一种优质生物质能源，当沼气提纯成生物天然气，可做车用燃料，大大提高其品位。

生物天然气利用涉及输气管道选材和布置。输气管道宜选择性能可靠、运行安全、施工方便、使用寿命长且经济的管材，而管道布置设计应遵照城镇规划，且要地下直埋铺设，做到安全可靠、供给数量足够的生物天然气。不过我国各省（自治区）、直辖市已有大量营运的天然气加气站，对于所生产的高纯度生物天然气无须后端市场开发。

5）沼液利用系统

沼液必须就地消纳利用，达到“零排放”。沼液是一种液体肥（水肥），但必须遵守正确的施用方法，包括施用技术（喷施、撒施和浇施）、施用时间和施用量。沼液利用系统包括设置沼液储液池和管网铺设。

6）沼渣利用系统

市政污泥厌氧发酵后的沼渣经脱水、干化后可作土壤改良剂或建材利用。

5.2.2 新型高效厌氧消化工程的优势

（1）整套工艺技术优化组合的设计相当紧凑、运行可靠、全自动化控制，是市政污泥再生利用优先选择的工艺技术。我国能源消耗量大，对可再生能源需求量高，估计“十三五”期间生物质燃料产业将会爆发式增长，以市政污泥为原料的生物质燃气产业将在可再生能源领域占据重要地位。

（2）这套工艺技术组合大大提高进料固体浓度（>10%），且降低污泥在消化罐内时间。

（3）提高沼气产生率（增加 15%～20%），而且改善沼渣脱水性能。

（4）厌氧消化产出的沼气，通过醇胺法的提纯工艺，回收 CH_4 浓度达 99.9% 的高品位生物天然气，可做车用燃料，升值空间大。

（5）我国各城市已有大量运营的天然气加气站，无须后端市场开发。

专栏 1 市政污泥生物燃气化工程案例

清华大学王伟教授主持“北京市集中生物燃气利用工程技术中心”在生物质燃气技术研发、装备研制、产业化转化、市场开拓等方面开展了大量研究工作，近期开发了第二代间歇式水热强化水解系统和 UASB/EGSB 高浓度厌氧消化技术，沼气变压吸附提纯技术，并在北京、山东淄博等诸城市建设 10 处示范工程，并提供方案设计、工程设计、产业规划等服务。现介绍山东淄博示范工程典型案例如下：

山东淄博市唯亿低碳环境园污泥燃气化工程一期工程处理规模：3 万 t/a（含水率 80%）。

处理工艺：水热预处理+高浓度 ASBR 厌氧消化+沼气提纯制生物天然气，进入消化器的含固率大于 10%，有机转化率大于 60%，脱水泥饼含水率低于 50%。

沼气年产量：150 万 m^3，可提纯生物天然气（BNG）90 万 m^3。

图 5-12 多级闪蒸水热处理中试系统

图 5-13 厌氧消化中试装置

图 5-14 淄博示范工程

5.2.3 市政污泥焚烧发电

市政污泥热值较高，全国市政污泥低位热值平均为 14.654 MJ/kg（干基），四川省为 12.11 MJ/kg（干基），而标准煤热值为 29.90 MJ/kg。如果污泥含水率降到 50%，其低位热值可达 5 055.6 kJ/kg，可以自持燃烧，这表明市政污泥可以进行焚烧处理。

污泥焚烧是一种高温热化学处理技术，它是利用污泥中有机质（包括病原体）通过高温下氧化分解，最大限度地实现污泥减量化、稳定化和彻底无害化的热化学转化过程，是放热反应，产生的热能进行发电或污泥干化脱水，达到污泥资源化目标。

污泥焚烧工艺有单独焚烧、混合焚烧和协同焚烧之分，其中污泥单独焚烧是指单独建焚烧厂，充分利用污泥的热值进行焚烧的一种方式，而且应与热干化设施联建。污泥混合焚烧是指利用现有的生活垃圾焚烧厂，生活垃圾与污泥按一定比例混合而一道焚烧的一种方式。污泥协同焚烧是指利用现有的工业窑炉（主要是水泥窑和火力发电厂）协同焚烧污泥的又一种方式。

焚烧系统的核心是焚烧炉，不同焚烧工艺，炉型选择有所不同，其中：

单独焚烧多选用流化床焚烧炉，这是因为市政污泥含水率高，脱水难，黏性大，热值偏低，因此大多数污泥单独焚烧工艺多选择流化床焚烧炉，相对而言，流化床焚烧炉结构简单、操作方便、运行可靠、燃烧彻底。

混合焚烧大多利用生活垃圾焚烧厂所选择的炉型。四川省海诺尔公司经营的郫县、大邑、新津、崇州、什邡、乐山市五通桥区等 6 个市区县生活垃圾焚烧厂，此外还有成都洛带、双流九江、清白江祥福、郫县德源等 4 个大型生活垃圾发电厂，以及绵竹万洁和攀枝花二滩（盐边）等两个生活垃圾焚烧厂，四川省内这些生活垃圾焚烧厂均选用往复炉排炉，而且都是明火焚烧方式，市政污泥脱水后含水率必须小于（等于）55%（与生活垃圾含水率相当），便可掺和生活垃圾混合焚烧，不必增设干化装置，只要加设脱水污泥储存设施和进料装置。

协同焚烧只有迁就工业窑炉（回转窑），市政污泥作为低级燃料协同焚烧，燃烧后残渣可作为水泥熟料的一部分而取代部分黏土质原料，因此利用都江堰拉法基瑞安水泥厂、彭州亚东水泥厂、崇州凯霖水泥厂、大邑显明西岭水泥厂等水泥窑焚烧处理市政污泥是最有前景的污泥处置方式之一，它将成为消纳市政污泥的最大行业，是节能减排的重要方向。

（1）市政污泥单独焚烧

市政污泥单独焚烧系统的工艺单元包括污泥收运系统、进厂污泥计量和贮存系统、湿污泥干化系统、进料系统、焚烧系统、余热利用系统、烟气净化和排放系统、灰渣利用系统、电气自控仪表系统、辅助系统等。

1）市政污泥单独焚烧的准入条件

市政污泥如果自持单独焚烧，则必须符合如下准入条件：

①单独焚烧处理规模大于（等于）100 t/d（含水率 80%），因为工程投资过高，运行费用大，管理水平要求高，处理规模越大，越经济。

②污泥低位热值必须大于 5 000 kJ/kg，当污泥含水率达 50%，其低位热值为 5 055.6 kJ/kg；含水率达 40%，其低位热值为 6 556.5 kJ/kg；含水率达 30%，其低位热值为 8 055.7 kJ/kg。可见污泥含水率小于（等于）50%便可进炉焚烧，但工程上要求进炉污泥含水率达到 30%。

③污泥中有机质含量应大于（等于）50%；有机质粒度应小于 50 mm，若有机质粒度大于 100 mm，则传热效果不佳。

④污泥含水率应小于（等于）30%。

⑤浸出液中污染物指标达到 Hg≤0.05 mg/L，Cd≤0.3 mg/L，Pb≤3 mg/L，不得检出甲基汞和乙基汞。

⑥烟气中污染物限值：二噁英≤1.0 ng TEQ/m^3，Hg≤0.2 mg/m^3，Cd≤0.1 mg/m^3，Pb≤1.6 mg/m^3。

2）市政污泥单独焚烧厂厂址选择要求

市政污泥单独焚烧厂厂址选择必须充分考虑焚烧厂服务区域内的环境条件、社会条件和经济条件，还应考虑炉渣和飞灰处置的场所，以及需要综合考虑以下各种条件：

①环境条件包括气象、地形地貌、工程地质和水文地质、声学环境、生态敏感区、社会敏感区等。

②社会条件包括地理位置、人口分布、人文景观、居民意愿、居民区规划、公共安全、交通流量、征地难易、生产生活供水和排水的排放条件等。

③经济条件包括土地征用费用、建设成本、运营经济效益（运输成本、运行成本、固定资产）、发展规划等。

至于炉渣和飞灰中重金属超标，还应考虑如何按危险固体废物处理。

3）市政污泥单独焚烧基本工艺流程

市政污泥单独焚烧的主要工艺流程见图 5-15。

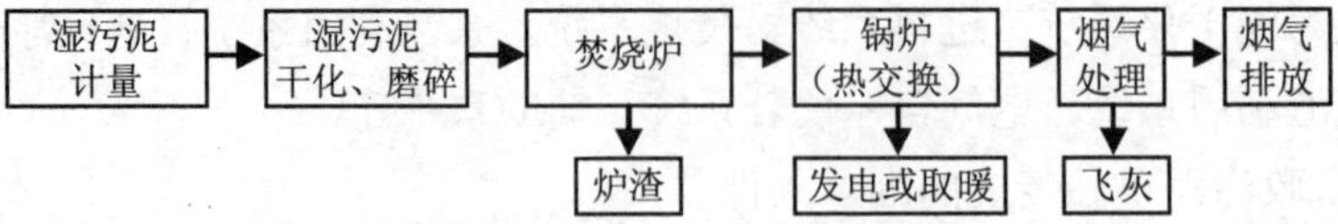

图 5-15 污泥焚烧基本流程

主要工艺流程说明：

①如果污泥热干化－焚烧一体化，则污泥干化热量一般由污泥焚烧过程的余热利用系统提供，干化目的是减少污泥体积和重量，提高污泥热值，其中干燥设备主要有转鼓干燥器、流化床干燥器、带式干燥器。避免用清洁能源（如天然气）干化湿污泥。

②焚烧炉是污泥焚烧系统的核心，其主要类型有炉排炉、流化床焚烧炉、回转窑焚烧炉。这三种焚烧炉中，炉排炉焚烧能力低，污染物排放较难控制；回转窑焚烧炉的炉温难控制、对污泥热值要求高；流化床焚烧炉结构简单、操作方便、运行可靠、焚烧彻底，因此污泥单独焚烧处理一般多采用流化床焚烧炉。成都市第一污泥处理厂污泥单独焚烧处置便是采用流化床焚烧炉。

③烟气处理——烟气净化系统是市政污泥焚烧系统的重要环节，它主要由半干洗涤塔→布袋除尘器→引风机→烟囱排放等装置组成。市政污泥焚烧产生的烟气中主要含烟尘、CO_2、NO_x、易熔重金属及二噁英等污染物。目前多采用半干法吸收烟气中酸性气体；常用布袋除尘器去除烟气污染物，因为其滤布强度、耐高温、耐腐蚀、耐磨等性能均有较大程度提高，除尘效率可达 99.9%，烟尘排放浓度可低于 50 mg/m^3，因此工程上一般不选用旋风除尘和静电除尘。烟囱高度应大于 60 m，高空排放。

4）流化床焚烧炉

流化床焚烧是指炉底布风板的上向通风速度超过固体颗粒沉降速度，达到将固体托起呈流化状（沸腾）时的燃烧。一般布风板上多采用颗粒均匀的纯石英砂作为蓄热的床料，当通过布风板的热风使石英砂蓄热并吹起呈流化状，再将污泥从进料口加入到流化床中，与高温石英砂充分接触、传热而进行燃烧。流化床焚烧炉较适合于市政污泥单独焚烧处理，它的优势在于：第一，助燃气体在水平截面上均匀分布，保证石英砂、污泥颗粒、空气三者最佳接触；第二，污泥与热空气最佳接触，使固气接触充分，保证污泥完全燃烧；第三，该炉型可满足“3T”焚烧运作条件，保证污泥充分燃烧。流化床焚烧炉常用的有两种类型：一是固定式（鼓泡式）流化床焚烧炉；二是循环式流化床焚烧炉。成都市污泥焚烧发电厂的炉型就是选用固定式流化床焚烧炉，处理能力为 400 t/d（含水率 78%）。

①固定式流化床焚烧炉工作原理

固定式流化床焚烧炉通常采用直筒式炉体，炉腔内壁砌耐火材料而绝热，炉体下部设有耐高温的布风板，布风板上装有一定量的蓄热能力强的载热惰性床料（如砂粒径 0.1～0.5 mm 纯石英砂）。空气从布风板下部强劲鼓入炉腔，当风速以 1～3 m/s 通过布风板时，可使床料（载热石英砂）沸腾呈流化状态，形成流化床段（由于其中有一部分空气形成气泡经床层短路逸出呈鼓泡状，故又称鼓泡式流化床），在流化床上方设有足够高温度（850～950℃）的燃烧段，干化污泥从炉顶或炉侧加入，在流化床内与沸腾的高温床料（石英砂）良好混合，干化污泥经热解气化、挥发分和固定碳组分完全燃烧等充分焚烧过程，达到高效燃烧，未燃尽成分飞到上部燃烧室继续燃烧，不燃烧物和流动石英砂沉到炉底排出，其中流动石英砂分离回收继续使用。此外，烟气中夹带的石英砂和飞灰被捕尘器捕集后，其中石英砂可返回流化床内，飞灰进入烟气净化系统，详见图 5-16。

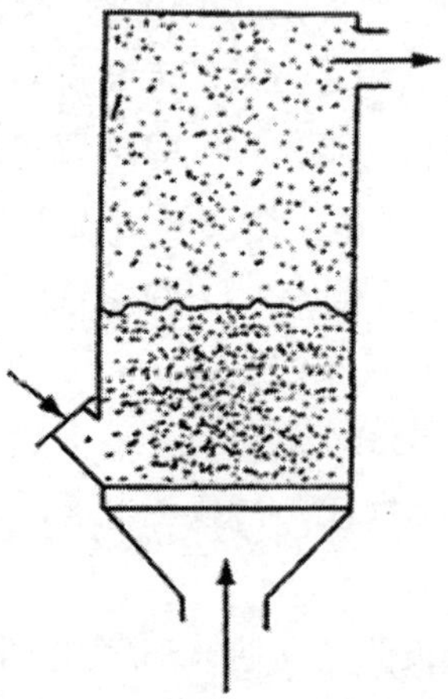

图 5-16 固定式流化床焚烧炉结构

②循环流化床焚烧炉的工作原理

循环流化床焚烧炉是在固定式流化床焚烧炉技术的基础上发展起来的，它与固定式流化床焚烧炉不同之处在于炉腔出口处加装气固分离器，它将流化燃烧产生的烟气所携带的细小颗粒，经气固分离器分离后再送回炉内循环燃烧，于是形成一个由炉腔、气固分离器、固体物料再循环设备等组成的固体物料循环回路，故称“循环流化床焚烧炉”，其中炉膛和气固分离器是核心部件，气固分离器通常选用旋风分离器，详见图 5-17。

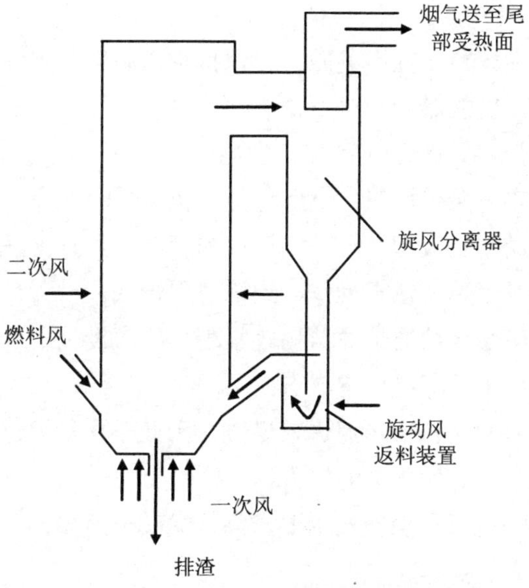

图 5-17 循环流化床焚烧炉结构

循环流化床焚烧炉焚烧处理市政污泥的工作原理与固定式流化床焚烧炉基本相同，但国内未见采用，其工艺流程引用荷兰 SNB 污泥处理中心所采用的循环流化床焚烧炉焚烧处理市政污泥的工艺流程（图 5-18）。

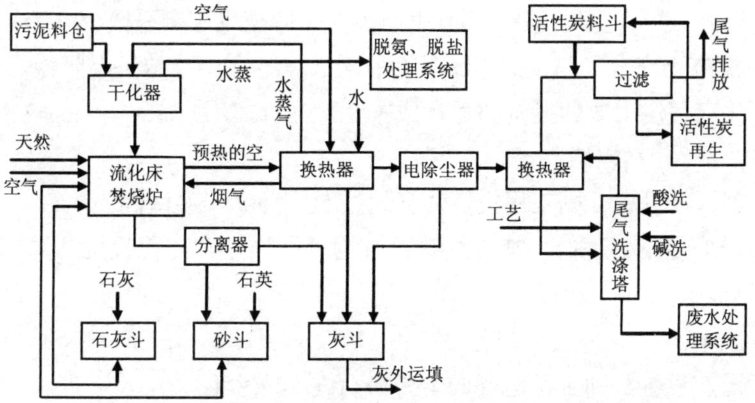

图 5-18 循环流化床焚烧炉焚烧污泥工艺流程

③流化床焚烧炉优缺点

为什么市政污泥焚烧处理大多选用流化床焚烧炉？这是因为流化床焚烧工艺

具有诸多优点：

• 大量载热惰性床料（纯石英砂）可保持炉内温度稳定性，即使污泥含水率变化或进料量变化，也能保持工况不变。

• 燃料适应性强，具良好负荷调节性能。

• 热强度高，热量传递均匀，燃烧充分，灰渣燃烬率高。

• 有害污染物最彻底破坏，污染物排放浓度低，具有良好环保性能。

• 炉体结构相对简单，便于维修，维修费用较低。

• 固定式流化床焚烧炉的炉体结构较紧凑，厂房设施用地省。

但是流化床焚烧工艺存在如下缺点：

• 流化燃烧是靠空气托住污泥进入燃烧，因此干化污泥进炉必须磨碎，增加电耗。另外，大风量、高风压也耗电大。

• 流化床焚烧炉运行和操作技术要求高，尤其鼓风量和风压调节技术上要求高，需要技术熟练人员操作。

④流化床焚烧炉工艺技术指标

流化床焚烧炉工艺技术指标必须达到“3T+E”指标，即：

• 流化床焚烧炉密相区温度（Temperature）应达到850～950℃。

• 烟气在二燃室停留时间（Time）应大于2秒。

• 烟气湍流度高（高紊流度 Turbulence），即烟气在炉内充分搅动。

• 要求鼓入炉内空气适当过量（Excess），即空气过剩系数α=1.5～1.9，若α＜1.5，则燃烧不充分，易造成CO_2超标；若α＞1.9，则导致炉温降低。

⑤流化床焚烧工艺的投资和运行成本

投资：

• 全部国产设备，则工程投资估算超过50万元/t（湿污泥）。

• 如果干化设备进口，焚烧炉等设备均为国产，则工程投资估算超过70万元/t（湿污泥）。

运行成本：

• 全国产设备，则工程运行成本≤10元/t（湿污泥）。

• 采用进口干化机和国产焚烧系统，则工程运行成本为 170～250 元/t（湿污泥）。

5）市政污泥单独焚烧处理的优缺点

市政污泥单独焚烧处理的优点在于占地面积省、集约化程度高、减量化效果好、无害化彻底、臭气污染容易控制。但是它的缺点也很突出，诸如单独焚烧工程投资大、运行费用高、操作难度大、管理要求高，要求污泥中有机质含量高（≥50%）、要求湿污泥脱水达到含水率 30%左右，因此市政污泥单独焚烧处理主要适用于污泥产生量大、有机质含量高、社会经济水平高的特大城市或大城市。

专栏 2 典型案例：成都市大安桥村污泥焚烧厂

成都市锦江区大安桥村污泥焚烧厂（即“成都市第一城市污水污泥处理厂）占地 52.95 亩，分两期实施，一期处理规模 400 t/d（实际在 200 t/d 左右），污泥焚烧工艺采用半干化+焚烧，其主要技术设备均采用国外先进、成熟技术的设备，总投资 39 999.6 万元，吨投资近百万元，花费高昂投资和高的运行费用，可是遗憾的是干化后污泥含水率只是 65%，不得不消耗大量清洁能源（天然气）来助燃，成了欲罢不能的工程，其工艺流程如下：

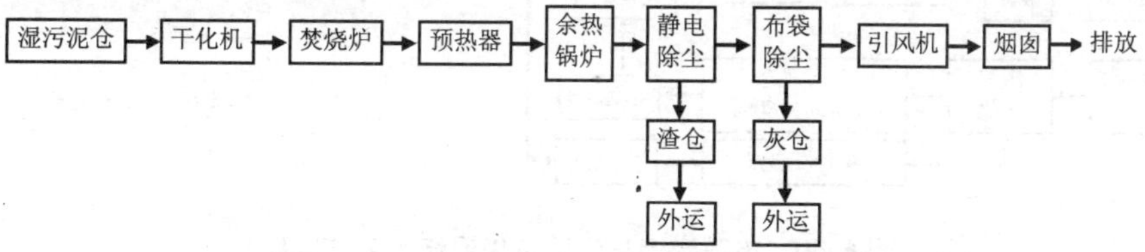

图 5-19 成都市大安桥村污泥焚烧厂工艺流程

成都市规划在新都区泰兴镇观西村建一座总规模 600 t/a（以 20%DS 计），一期工程规模 200 t/a（以 20%DS 计），占地面积 181.05 亩，工程预计投资 1.4 亿元进行生物堆肥。

成都市中心城区的 9 座生活污水处理厂污泥产生量，2011 年为 418.74 t/a（以 20%DS 计），2020 年总污泥量将达 1 320.0 t/a（以 20%DS 计），如果采用新型高效厌氧消化制生物天然气，则 2015 年可生产生物天然气 23 656.5 m^3/a，每天可供 296 辆公交车或 890 辆出租车用气；2020 年可生产生物天然气 41 500 m^3/d，每天可供 518 辆公交车或 1 561 辆出租车用气，可大大缓解石油天然气供应，而且工程总投资不会超过 1.4 亿元。这个建议仅供成都市政府参考。

（2）市政污泥与生活垃圾混合焚烧

将市政污泥与生活垃圾混合焚烧，除配备污泥专门输送和给料系统外，可以利用现有生活垃圾焚烧厂焚烧系统的整套设备，又可以利用其余热利用系统作为干化污泥的热源，还可以利用原有的烟气净化和粉尘处理装置，节省市政污泥焚烧处理的工程投资和运行成本。

1）混烧的条件

城市污水处理厂排出的污泥含水率在 80%左右，必须通过脱水/干化将污泥含水率降至与生活垃圾含水率相当或更低，方可混烧，为此，应优先考虑采用生活垃圾焚烧产出的余热用来干化污泥，不宜选用一次性优质能源。另外，掺入混烧的污泥（含水率＜60%）比例应控制在 10%左右；混烧过程燃烧温度不得低于 850℃。

2）混烧的工艺流程

市政污泥与生活垃圾混烧的主要工艺流程见图 5-20。

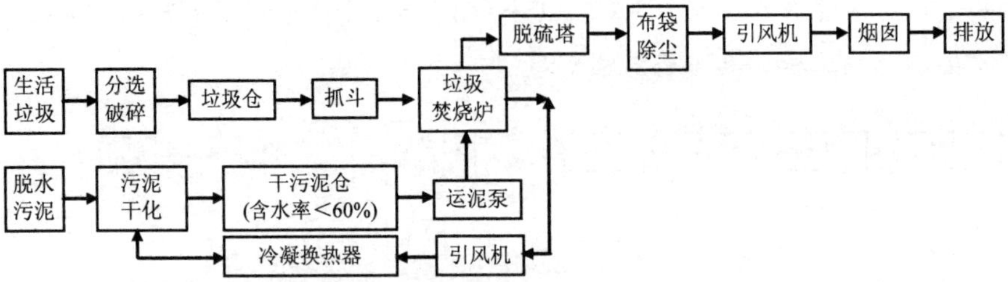

图 5-20 市政污泥与生活垃圾混烧的工艺流程

3）配套设施

①配备污泥专门输送和给料系统，不与生活垃圾共用。

②利用生活垃圾焚烧余热间接式干化脱水污泥。

③焚烧炉的设计应考虑污泥焚烧飞灰量大，这将对尾部受热面和烟气净化系统产生影响。

（3）燃煤发电厂协同焚烧处理市政污泥

如果城镇污水处理厂附近有燃煤发电厂，则既可利用热电厂余热干化湿污泥，又可利用热电厂已有的焚烧炉和尾气处理设备焚烧处理污泥，节省污泥处理处置投资和运行成本，技术可行，应鼓励市政污泥在燃煤发电厂锅炉中与煤混合焚烧，宜炉顶给料，入炉污泥掺入量宜少于燃煤量的 8%。

不过污泥掺烧需对燃煤原锅炉的尾部受热而进行适当改造，以防止烟气中灰分、酸性气体和水蒸气导致受热面积灰、磨损和腐蚀。

5.2.4 市政污泥热解气化

（1）何谓“市政污泥热解”

污泥的热解和焚烧一样，都是热化学转化过程，只不过热解是在缺氧（指供给空气量远不足理论空气量）或无氧（指没有供给空气）条件下的热化学反应，是吸热过程，吸收热量使有机物分解气化或液化，产生燃料气、燃料油及炭黑：而焚烧是在充足供氧条件下的热化学转化过程，是放热反应，产生 CO_2、H_2O 及热量，可利用其热能发电或供热取暖或用来干化脱水污泥，二者都是市政污泥高度减量化、稳定化、无害化的技术和资源化的方式。热解也称干馏，它是利用污泥中有机物质的热不稳定性，在缺氧或无氧条件下，经 400～500℃热解气化技术，它由干燥、热解和气体净化等三个步骤组成，即污泥加热 120～150℃时放出 10%自由水；继续加热至 150～180℃时，析出 50%～60%间隙水；加热至 250℃时，有机物开始热解，释放 CO、H_2、CH_4、CO_2、H_2O 等气体混合物；加热至 300℃时开始强烈热解，温度升至 350℃时热解加剧；温度达 500～600℃时热解结束，气态产物析出，固态产物（残渣）化学性质稳定，耐强烈腐蚀，具活性炭特性，污泥热解使大分子量有机物受热裂解为小分子量的燃料气、燃料油以及固定碳（炭黑），即

$$\text{有机物}+\text{热量}\xrightarrow{\text{缺氧/无氧}}\text{燃料气}+\text{燃料油}+\text{炭黑}$$

其中燃料气为 H_2、CO、CH_4、C_2H_4、C_2H_6 等，热值在 8 000 kJ/m^3 左右；燃料油指乙酸、丙醇、甲醇等液体混合物。污泥热解气化技术所需热能可以利用磁芯组件的高频电磁波所产生的热能。

市政污泥采用热解处理工艺，它的产物是清洁能源，此外它产生的烟气粉尘量少，酸气及二噁英产生量也少，而且重金属等有害成分被固定在炭黑中，二次污染容易控制，投资及运行费比焚烧处理工艺低，遗憾的是，国内目前城镇污水处理厂污泥处理处置工程中尚未成功采用热解处理工艺。

（2）热解气化工艺分类

热解气化工艺类型根据供热方式、热解温度以及热解炉结构等不同而分，其中多以热解炉结构不同进行分类，它可以分为固定床式、移动床式和流化床式三种热解炉。

1）固定床热解炉

这种炉型呈直筒式（竖式热解炉），市政污泥经干化、粉碎后从炉顶部加

入，而后通过由炉鼻支持的床层向下移动，与从底部引入的高温气流（温度 980～1 600℃）接触产生热解，析出的燃料气从顶部逸出，收集起来做新能源使用。

2）移动床热解炉

经预烘干和粉碎后的市政污泥从竖式热解炉上部加入，在外部连续不断地、间接地高温加热下，干化污泥靠自重缓慢下落，于是在热解炉上部被蒸发干燥（温度控制在 100～250℃）；在炉体中部被热解气化生成燃料气及部分碳化物残留（温度控制在 250～600℃）；在炉体下部进一步气化，生成燃料气，同时碳化物与水蒸气发生水煤气化反应，生成 H_2、CO、CH_4 等高热值气体，残渣落入下面水封槽而排出。

移动床热解炉结构简单，污泥热解过程（炉内停留时间）的控制可通过灰盘转速调节，只是调节范围有限；另外，炉内温度可通过蒸汽的输入量控制，总之，这种类型热解炉的操作较方便，加以设备造价低，比较适合用于中小型污水处理厂污泥的处置。

3）流化床热解炉

流化床热解炉由气体压缩机将缺氧蒸汽高压鼓入，其流速足以使载热的高温石英砂悬浮呈流化状，而干化污泥从炉体上部送入，与高温石英砂（粒径 0.1～0.5 mm）混合流化，并快速热反应而干燥热解气化。可见，流化床热解炉和流化床焚烧炉不同之处在于用缺氧蒸汽作流化介质，使污泥中有机物在缺氧条件下热解产生燃料气和燃料油，热反应性能好，反应速度快，适于市政污泥热解处理。

流化床热解炉有单塔式和双塔式两种类型，现分别简介如下：

①单塔式流化床热解炉

这是一种内热式竖型流化床热解炉，市政污泥由螺旋给料机连续加入，在炉内与高温石英砂混合，快速加热烘干和分解，污泥中有机物被分解成燃料气、焦油和炭黑，其中气、油及水分从炉体上部排出，进入旋风除尘器分离砂和炭渣后，燃料气进入净化系统备用；炭黑及不燃物沉入炉下部排出炉外。

②双塔式流化床热解炉

这种炉型由竖型流化热解炉和竖型燃烧炉并联组成，热解炉也是以缺氧蒸汽作流化介质，以石英砂作热载体并通过输送装置和两个炉体间适当压差，使载热石英在并联两炉间进行循环，所以又称双塔式循环流化床热解炉，可见热解炉产生的燃料气、焦油并未收集另用，而是引入燃烧炉燃烧，并用其热能发电或取暖或干化污泥。燃烧炉中发生的过氧高温燃烧热化学反应如下：

$$2H_2+O_2 \longrightarrow 2H_2O$$

$$CO+O_2 \longrightarrow 2CO_2$$

$$CH_4+2O_2 \longrightarrow CO_2+2H_2O$$

$$C_2H_4+3O_2 \longrightarrow 2CO_2+2H_2O$$

$$C_2H_6+7O_2 \longrightarrow 4CO_2+6H_2O$$

（3）热解工艺的优点及缺点

1）优点

①市政污泥热解与焚烧一样，都是高度减量化、稳定化和无害化的技术和资源化方式，但是污泥热解产生的烟气量少，二噁英产生量低，污染自控能力强，环境安全比焚烧好。

②市政污泥热解过程有机物转化为清洁能源（燃料气、油及炭黑），经济性好。

③热解设备紧凑、小型化，便于安装和操作。

2）缺点

①热解炉操作控制条件严格，需要熟练技术人员掌控。

②污泥中有机物热解产品质量难保证。

③市政污泥热解工艺技术尚需研发适合国情的工业化实用污泥热解装置，目前欲达到实用化、工程化和商业化尚有一定差距。

5.3 市政污泥建材利用

5.3.1 水泥窑协同焚烧市政污泥生产水泥

利用水泥窑协同焚烧处理市政污泥是一种彻底无害化、显著减量化、稳定化和资源化的处置方式，尤其适用于重金属超标的市政污泥的处置。水泥窑协同焚烧处理市政污泥的工艺流程见图 5-21。

工艺说明：由石灰石、铁矿粉、砂页岩按比例破碎成粉并混合成生料，经五级预热器逐步加温至 850℃后，与煤粉及干污泥（含水率 30%）一起送入分解炉。污泥干化是利用水泥窑废气余热（温度约 260℃），通过水泥厂建设的烘干预处理系统，将含水率 80%污泥烘干至含水率 30%的散状干污泥，经输送和喂料设备送入分解炉，由于分解炉温度高（850～900℃），热熔大，能将干污泥快速完全燃烧，燃尽后灰渣随碳酸盐分解产生的 CaO 以及砂页岩粉一起进入回转窑煅烧，在回转窑内 1 500℃高温下煅烧，物料呈熔融状态下发生化学反应，生成硅酸盐矿物，污泥中重金属便进入硅酸盐矿物晶格；熔融状硅酸盐矿物经冷却后成为硅酸盐水泥熟料。水泥熟料加入适当石膏，经混合磨细而成水泥，装袋出售。

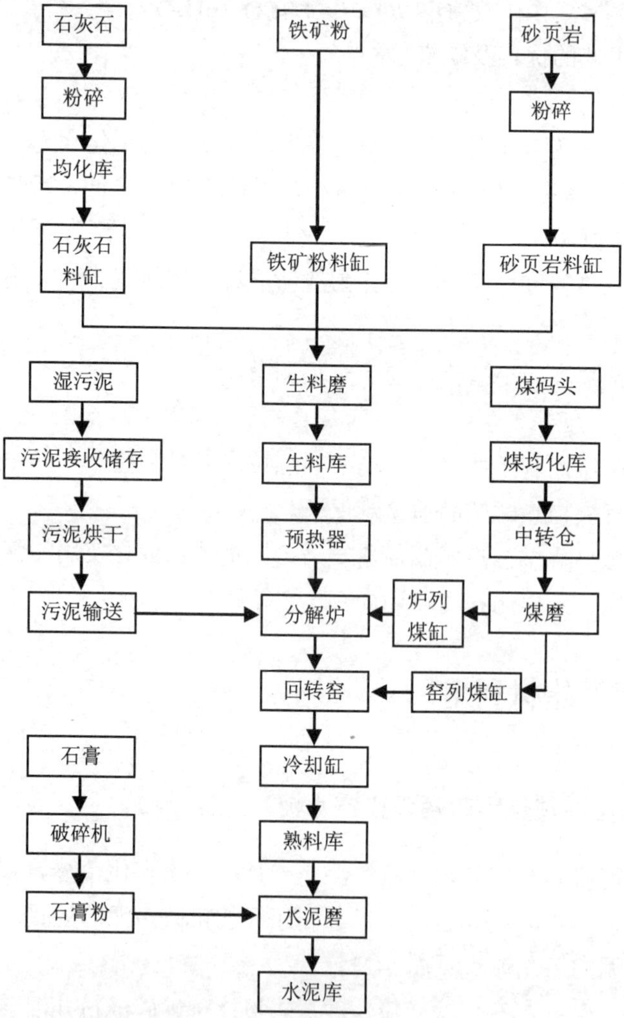

图 5-21 水泥窑协同焚烧处理污泥工艺流程

城镇污水处理厂所在城市若有水泥厂，则利用水泥窑协同焚烧处置市政污泥，不仅技术可行，而且节能减排，污泥得到再生利用，是一种十分实用的污泥处置方式，应大力支持。不过如果水泥厂日产熟料少于 1 000 t，且干法生产水泥，则不宜添加污泥来生产熟料；如果日产水泥熟料 1 000～3 000 t，可添加干化污泥 10%～20%；若日产水泥熟料大于 3 000 t，干化污泥添加量可增至 15%～25%。

5.3.2 污泥制砖

市政污泥中泥质成分也是一种黏土资源（参见表 5-41），含水率 80%的污泥干化脱水后含水率达 40%即可作为制砖的原料。干基污泥热值较高（热值相当 1/2 标煤的热值），污泥的热量可作全内燃烧结砖热源。简而言之，以污泥掺配页岩为主要原料，通过制坯、成型、干燥、焙烧后成为高质量的空心砖，用于建筑，具有良好的外墙装饰和隔热功能。尤其污泥中重金属含量超过土地利用标准限值，则用于制砖的确是好出路。

（1）污泥制砖的技术关键

污泥烧结砖在生产过程的几个关键技术，包括：

1）好砖必须好原料，制砖原料成分要求见表 5-41。

表 5-41 制砖原料成分要求

	要求程度	适用范围/%	说 明
SiO_2	适宜	55～70	SiO_2不可过高（＜80%）否则可塑性降低，抗压强度低
	允许	55～80	
Al_2O_3	适宜	15～20	Al_2O_3不宜小于 12%，否则制品强度降低；不宜大于 25%，否则烧成温度提高，耗煤量大
	允许	12～25	
Fe_2O_3	适宜	4～10	Fe_2O_3过高，降低制品耐火度，造成烧结温度降低
	允许	3～5	
CaO	允许	0～10	CaO 为有害物质，过高易导致产品爆裂
MgO	允许	0～3	MgO 越少越好，含量高易造成白霜
烧失量	允许	3～15	烧失量大（表明有机质高），则制品孔隙度高

市政污泥泥质成分一般为 SiO_2 18%～24%，Al_2O_3 13%～15%，Fe_2O_3 5%～7%，CaO 8%～10%，MgO 1.3%～1.6%，与制砖原料成分要求比较，表明 SiO_2 偏低，Al_2O_3 相当或偏低，Fe_2O_3 允许，CaO 允许，MgO 允许。页岩的化学成分：SiO_2 50.81%，Al_2O_3 15.52%，Fe_2O_3 6.27%，CaO 7.49%，MgO 3.54%，烧失量 11.84%。原料配比掺和后的化学成分见表 5-42。

表 5-42 原料化学成分 单位：%

成分	SiO_2	Al_2O_3	Fe_2O_3	CaO	MgO	烧失量
污泥	23.73	6.98	5.85	4.11	1.13	42.31
页岩	50.81	15.52	6.27	7.49	3.54	11.84
混合料	45.4	13.82	6.19	6.81	3.06	3.98

2）原料掺配量一般在 5%～10%，而成都市青白江橘丰山建材公司通过试验确定合适比例可为污泥∶页岩=1∶5（干基重量比），即干污泥占 20%（干基）。污泥与页岩相混合后，由于相互掺和作用，其化学成分基本达到制砖原料的要求。污泥掺和量不能再增大，否则掺和后化学成分与制砖原料的成分偏差过大，影响砖体强度。另外，由于污泥热值只有 1 000 kcal/kg，需添加少量煤粉到原料中，以补充焙烧热量。

3）成型原料（干化颗粒污泥与页岩粉）掺配混合必须均匀化，充分均匀化后方可保持制品质量。

4）根据污泥砖坯水分难控制，干燥废品率较高的特点，应选择有利于码坯及干燥的工艺方案，如单层干燥技术。

（2）污泥制砖的技术方案及主要设备选择

根据市政污泥烧结砖成型水分难控制、成型砖体强度低、干燥废品率高的三个特点，建议采用机械化和自动化程度高、产品性能稳定的二次码烧工艺，该工艺与一次码烧相比，还可以提高窑车的码车高度。

污泥制砖的主要设备包括四个方面：

1）原料制备设备：一般选择混料均匀、产量大的锤式混料机。

2）挤出成型设备：通常采用真空挤出机，真空度 98%。工作压力 2.5 MPa，生产能力 30～50 t。

3）切条、切坯、上下架和码坯系统：现代化建材厂采用自动切割机、干燥车自动上下架系统、码坯机及 PLC 控制线路，利用光电开关和行程开关，控制砖坯的自动编组、自动控制切割、上下架及码坯。

4）焙烧窑型选择：采用隧道窑，不用轮窑，因为隧道窑机械化、自动化程度高，焙烧温度和焙烧周期可自动控制；热能可充分利用；劳动条件改善。隧道窑由预热带、焙烧带、保温带、冷却带组成，设抽热系统、排烟系统、冷却系统和辊压力平衡系统，烧成温度 1 100℃，烧成周期 40 小时。

（3）污泥制砖工艺流程

工艺流程中主要工艺说明：

1）原料制备

①干燥后污泥由螺旋输送机送入锤式混料机中。

②页岩由装载机卸入箱式给料机，经颚式粉碎机粉碎。

③原煤用高速粉煤机粉碎。

④粉碎后的页岩与原煤一道送入锤式混料机，与干化污泥混合。

⑤混合好的原料进入搅拌机加水搅拌，将搅拌混合均匀的原料送入陈化库陈化 3 天，陈化后的原料颗粒表面和内部性能更加均匀，更趋一致，可提高混合料塑性和成型性能。

⑥出料用液压多斗挖土机。

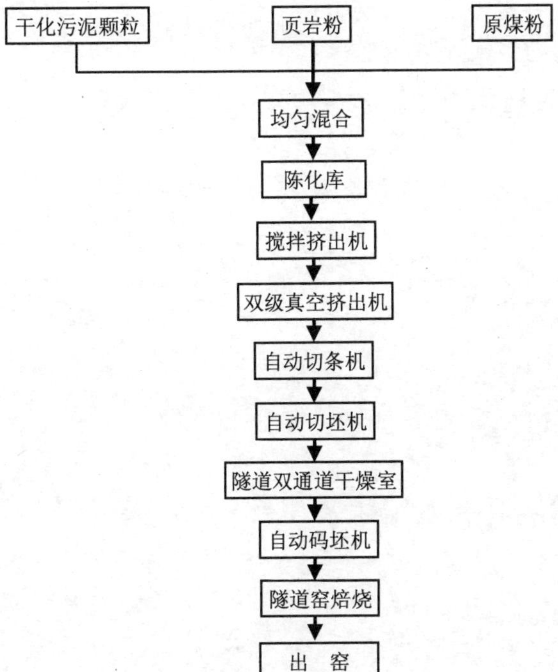

图 5-22　污泥制砖工艺流程

2）成型及切坯

原料从陈化库出来，再经搅拌挤出机搅拌碾练处理，以保证原料均匀，提高原料成型性能，达到新的所需水分，然后进入真空挤砖机挤出成型，随之由自动切条机切割成泥条，经转向分坯台将泥条分别送到两套自动上架系统码放到层状干燥车上，以备干燥。上述成型及切坯程序可归纳为：陈化库→搅拌挤出机（成型）→自动切条机→层状干燥车。

3）干燥与焙烧

干燥焙烧采用二次码烧工艺。干燥室热源来自隧道窑余热，通过调节系统自动调节送风温度及风量大小，确定砖坯干燥质量。干燥好的砖坯由下架系统卸下干燥车，再由自动码坯机码上窑车。隧道窑焙烧采用内燃烧砖工艺，主要热源来自砖坯内燃料，按拟定的原料配比，粉煤灰、少量原煤及污泥的热量可以满足内燃烧砖的工艺要求。

6 促进市政污泥再生利用产业实现专业化、市场化发展的建议

（1）各省、自治区、直辖市环保厅、科技厅、财政厅、建设厅协同专业人员尽快制定合理的市政污泥处理处置相关的技术政策、产业政策、经济政策和鼓励性措施，促进市政污泥再生利用产业快速健康发展。

（2）尽快完善省内市政污泥再生利用的管理和监控体系，对市政污泥的排放、收集、运输、贮存和处理处置实行全过程监控，对污泥资源化产品的施用建立严格的准入机制和监测监控制度。坚决制止污泥随意外运、弃置和不规范填埋，确保生态环境安全。

（3）尽快完善污泥处理处置标准化体系，坚持减量化、稳定化、无害化目标，鼓励污泥资源化再生利用。在无害化前提下实现资源化再生利用，坚持达到安全、环保、循环经济的要求。

（4）市政污泥处理处置是一项保护环境、建设文明卫生城市、为后代子孙造福的市政公益事业，政府需予以适当的财政补贴，尽快建立污泥处理处置收费和补助标准，以财政补贴、信贷贴息、税费减免给予支持。

（5）对于污泥处理处置企业开发生产的污泥资源化产品、引进和开发污泥处理处置新技术、新工艺、新产品的工程优先列入环保补助资金的重点支持项目，并给予享受减免税待遇和税前还贷的优惠条件，鼓励和扶持污泥再生利用产业的发展。

（6）拓宽投融资渠道，采用 BOT、TOT 等投资方式，或通过特许经营等多种形式，广泛吸纳社会资金投资污泥再生利用产业。

（7）在全面技术经济指标的比较分析后，优化组合、统一规划、全面布局，因地制宜地将一个行政区域内多个污水处理厂产生的污泥实行相对集中处理处置，以便利用有限资金实现高效、安全、有序地处理处置市政污泥。

市政污泥处理处置的技术路线归纳起来是“加强监控统筹规划、因地制宜、

选择准确，确保有效地解决市政污泥二次污染的隐患，达到废物再生利用目的”。

（8）建立完善的包括污泥处理费用在内的污水排放收费制度，切实执行排水设施有偿使用方针、政策。

（9）按《污水排入城镇下水道水质标准》（CJ 343－2010）中的各项指标，严格控制生活污水处理厂接纳的工业企业所排出的污水水质，以减少城镇生活水处理厂污泥中的重金属含量，保障市政污泥的土地利用。

7 市政污泥处理处置专项规划编制

7.1 规划编制的指导思想和编制原则

7.1.1 指导思想

市政污泥的处理处置工程是公益事业，在进行这方面专项规划时，应以人为本，环境为重，依靠科技进步，发展循环经济，进行污泥综合利用，在处理达到无害化前提下，实现资源化再生利用目的，有效遏制环境恶化趋势。

7.1.2 编制原则

规划编制遵循如下原则：

（1）注重各地区城镇经济社会发展的要求，统一规划，分步实施，合理安排地级市、县级市及重点县的市政污泥处理处置设施的布局和建设顺序，做到合理布局，突出重点。

（2）因地制宜，稳步推进。根据各地区自然条件、经济社会发展水平，污泥特性和产生量，合理规划各地区市政污泥处置设施建设，稳步推进。

（3）统筹设计，同步建设，在省内新建生活污水处理厂时，应统筹安排污泥处理处置，做到“三同时”。应该认识到污泥和污水都是解决城市水污染问题同等重要而又密切关联的两个系统，只有将二者放在同等重要的位置，都给予巨额投入，才能真正解决城市水污染问题。

（4）统一标准，控制投资。按照地级市、县级市、重点县的生活污水处理厂污泥处置方式，统一设计、统一施工进行规划，以便控制投资。

7.1.3 编制依据

规划编制依据是：

（1）各省国民经济和社会发展中长期计划，摘自各省发改委颁布的各省国民经济和社会发展“十三五”规划及远景目标的基本思路；

（2）国家相关法律、法规以及标准和规范；

（3）各城市总体规划和近期建设规划。

7.2 现有市政污泥处置技术实用性分析

纵观国内外市政污泥处置方式，主要有土地利用、能源利用、建材利用以及安全填埋等四种主要处置方式，各种处置方式都有一定的准入条件，对污泥泥质都有明确要求。但是，衡量污泥各种处置方式的利弊，可以认为市政污泥高温好氧堆肥的土地利用技术和新型高效厌氧消化制生物天然气的能源利用技术是市政污泥处置方式的两个重要手段，是污泥无害化处理和资源化再生利用优先选择的工艺技术；它们是最有发展潜力的处置方式，十分符合国情，更符合省情。有条件的可与生活垃圾混烧，水泥窑协同焚烧，但要慎重选用单独焚烧。

现对市政污泥四种主要处置方式的实用性评估如下。

7.2.1 市政污泥土地利用的实用性分析

（1）污泥好氧堆肥产品含丰富腐殖质、氮、磷以及硼、钼、硒等植物生长的营养物质，而且污泥好氧发酵过程散发的热量维持高温不仅杀灭病原菌和寄生虫卵，并蒸发污泥的水分，最终达到减量化、稳定化和无害化。因此，只要污泥堆肥产品中污染物（主要是重金属含量）达到国家规定标准限值，则无论从经济因素还是从肥效利用因素而言，污泥好氧堆肥土地利用是一种适宜的最终处置方式；污泥堆肥产品作为肥料是安全可靠的。

（2）国家相关政策鼓励符合标准的市政污泥采用土地利用方式处置，鼓励泥质达到A级标准的作为农肥用于农田和蔬菜地；达到B级标准的作为土壤改良剂，用作园林绿化的介质土、林地的培植土、沙荒地和废弃矿场地的改良土以及生活垃圾卫生填埋场的覆盖土，并应列入政府采购名单。

（3）我国各农业大省，由于长期使用化肥，耕地土壤普遍缺乏有机质，即使四川省成都平原（“天府之国”）耕地土壤中有机质平均含量目前也仅为2.389%，急需补充有机质，而市政污泥堆肥产品含有机质高，用作农肥可有效补充耕地土壤有机质，改善土壤结构，解决土壤板结现象，促进土壤熟化，提高土壤肥力，又能保水、保肥，尚可调节偏碱的土壤，利于吸附丘陵地区紫色土耕地土壤中的重金属离子。

（4）市政污泥好氧堆肥投资成本相对较低，运行费也较低，但工程用地偏大。

（5）市政污泥土地利用的风险主要是重金属，它性质稳定，难去除，长期施用污泥堆肥产品是否可能导致土壤中重金属积累，以致影响人体健康；但是，如果污泥堆肥产品中重金属含量很低，就不存在这种风险。污泥堆肥产品中总氮、硝态氮施入土壤后被雨水冲刷而注入河湖，可能造成水体富营养化。为避免上述风险，必须建立污泥土地利用监管系统：

1）定期监测污泥和耕地土壤以及农作物中重金属含量，若污泥堆肥使用多年后，土壤中重金属增加，应立即停止施用。

2）确定当地耕地对污泥堆肥的消纳量——农用按肥效折算；园林绿化按绿化面积计算。

7.2.2 市政污泥焚烧处置实用性分析

污泥焚烧处置方式有两种类型：一是脱水污泥干化焚烧；二是混合焚烧。这两种焚烧处置方式的共同优点是减量化显著，稳定化效果好，无害化彻底，但是污泥不同焚烧方式的实用性是不同的。

（1）污泥干化焚烧的实用性

目前污泥干化焚烧工艺的主流是流化床技术，工程上多采用鼓泡式（固定）流化床焚烧炉；干化工艺在工程上多采用间接干化，总而言之，污泥干化焚烧是成熟的工艺，目前国内已有北京高碑店、天津滨海新区以及深圳、苏州、杭州等城市建有污泥干化焚烧工程，然而也由于投资大、运行费高、操作水平要求高，市政污泥干化焚烧工艺应慎用。

（2）污泥混合焚烧的实用性

市政污泥可与生活垃圾混合焚烧，也可由水泥窑协同焚烧，还可以由发电厂流化床燃煤锅炉混烧。从目前来看，污泥混合焚烧处置方式是比较经济可行的，很有实用意义，国家相关技术政策也鼓励市政污泥作为低级燃料和选用合理混烧比例，利用生活垃圾焚烧厂、水泥厂以及燃煤发电厂现有焚烧设施和装备进行混合焚烧，只要添加污泥储存和进料装置，其中利用水泥窑协同焚烧处理污泥已证明完全适用，是最有发展前景的协同焚烧处置方式之一，因为污泥既是替代燃料，又可作为水泥生产的替代原料，是水泥工业节能减排的重要方向，已列入废物资源综合利用的鼓励扶持范围，目前需制定水泥窑处置市政污泥的产品标准、技术规范以及污染物排放标准。

7.2.3 污泥建材利用的实用性分析

污泥建材利用主要是污泥制砖、制陶粒和水泥生产替代原料，这里仅讨论污泥制砖的实用性。

含水率 80%左右的污泥作为配料掺和页岩粉和燃煤粉中（配比宜小于 1∶5），经均匀混合至含水率达 18%～20%、经制坯成型、干燥焙烧，生产砖体。制砖处置污泥快捷、不受污泥含重金属和季节因素限制，可消纳途径广泛，即使某城镇污泥中重金属含量接近农用标准限值，甚至超标，完全可以采用制砖工艺处置污泥，这既省煤，又省页岩资源，而且隧道窑烧制过程窑中高温燃烧带烟气中污染物易控制，因此污泥制砖是一种经济实用、资源利用率高、易于推行的污泥处理处置工艺技术，但烟气处理的环境要求高。

7.2.4 市政污泥填埋的实用性分析

市政污泥填埋处置方式有三种类型，一是污泥单独安全填埋，二是与生活垃圾混合填埋，三是作为生活垃圾填埋场的覆盖土，下面分别分析三种污泥填埋方式的实用性。

（1）污泥单独安全填埋

这种填埋方式对场地工程地质条件和水文地质条件要求严格，防渗层材料和铺设的技术要求高，污泥含水率必须降至 60%以下，而且占地多，浪费土地资源和污泥再生利用资源，只有污泥特性无法作其他方式处置时，可不得已而为之。

（2）污泥与生活垃圾混合填埋

我国城市生活垃圾绝大多数城市选择卫生填埋，因此当该市生活污水处理厂污泥找不到出路时，可以将污泥含水率降到 60%以下，并进行稳定化和卫生学处理，利用现有的生活垃圾卫生填埋场全套设施，按污泥≤8%比例与生活垃圾混合填埋，这是很实用的处置方式，应予支持。

（3）市政污泥用作生活垃圾填埋过程和终场的覆盖土

市政污泥经石灰或粉煤灰改性处理后，可作为生活垃圾填埋的中间覆盖土（厚度 20～30 cm）和封场覆盖土（厚 50～60 cm），封场除覆盖改性污泥外，还应加一层厚达 20～30 cm 营养土。可见污泥作为覆盖土也是很实用的。

7.3 市政污泥处置方式选择

7.3.1 市政污泥处置方式选择的依据和原则

（1）选择依据

污泥处置方式的选择主要根据污泥的特性和产生量，所在城市的社会经济水平、地理位置以及环境条件，尤其污泥特性是污泥处置方式选择的首要因素。

（2）选择原则

市政污泥处置方式选择要遵循如下原则：

1）因地制宜原则

我国不同地区的城市社会经济发展水平、土地资源、人口分布、环境状况，尤其污泥特性及污泥产生量等存在较大差异，因此必须根据各地区的特点，选择符合当地条件的污泥处置工艺技术和设备。

2）循环利用原则

市政污泥有机质高，它既是肥源，又是能源，当污泥处理达到减量化、无害化和稳定化目标，则最终处置应尽力实现资源化目的，做到废物循环利用。目前看来污泥作为肥源的土地利用和作为能源的沼气利用已是必然趋势。为达到规模化效应，污泥处理处置设施宜相对集中设置。

3）节能减排原则

目前国内外市场上，市政污泥脱水处理设备以及各种处置装置的价格和能耗高低大小不一，在选择污泥处理处置工艺技术时，应对处理设备和处置装置进行节能减排比较，不能只考虑价格高低，还应淘汰费能和污染严重的处理设备和处置装置。

4）统一规划、协调发展原则

国内各城市有生活垃圾焚烧厂、燃煤热电厂、大型水泥厂以及比较多的制砖厂，如何充分利用这些现有的焚烧设施和装备协同处置市政污泥，就必须由政府有关部门统一规划，进行协调，有关企业也可主动介入污泥处置工程投标，实现各省生活垃圾处理、水泥生产、制砖等行业与污泥处置协调发展。

7.3.2 市政污泥处置方式选择的案例——以成都市和广安市污泥处置方案选择为例

在深入研究国内外污泥处理处置技术现状，针对成都市和广安市地区特点，结合行政区划、污泥特性及污泥处置场地的运输距离，根据市政污泥每种处置方式的准入条件，采用政府引导、社会参与的机制，确定一座省会城市和一座地级市城市污泥处置工艺技术方案，规划好这两座城市污泥处置设施建设布局。

据“2016—2020年四川省城镇污水处理及再生利用设施建设规划”（初稿），安排“十三五”期间四川省污水处理厂污泥安全处置和综合利用要达到指标，应及时做好市政污泥处理处置专项规划，因地制宜进行合理布置省内各城市污泥处置设施，要求“十三五”期间地级市污泥安全处置率达85%，县级市达75%，重点县城达70%。目前看来较实用的市政污泥处置方式应该是：当污泥中重金属含量达到A级泥质标准限值时，鼓励采用好氧堆肥后土地利用，或者热水解预处理厌氧消化制生物天然气的能源利用；当污泥中重金属含量超过标准限值，鼓励水泥生产过程协同焚烧污泥或者污泥制砖，支持现有城市生活垃圾焚烧，混合焚烧污泥。根据上述基本原则，现以成都市和广安市市政污泥处置方案选择为例。

（1）成都市市政污泥处置方案选择

成都市位于四川盆地中部，分中心城区、都市区内带和都市区外带，虽同属成都市，但三个区域的社会经济、土地资源、污泥特性及污泥产生量存在差异，污泥处置方案选择也不相同。

1）中心城区的市政污泥处置方案选择

成都市中心城区的特点是社会经济水平高、土地资源缺乏，污泥有机质含量高，热值较高，部分重金属（镉、汞、锌）超标，显然污泥处置不能选择土地利用，只有选择能源利用和建材利用两种处置方式较合适。

目前成都市中心城区9座污水厂污泥由成都第一城市污水污泥处理厂处理，选用“半干化+焚烧”工艺，处置规模为400 t/d，虽然采用“国外先进、成熟的技术与设备”，但是由于运行费高以及技术管理上种种问题，而且脱水干化后入炉的污泥含水率只是65%，不得不消耗大量天然气助燃，目前已是“没奈何”工程。

据称成都市规划在新都区泰兴镇观西村建一座总规模600 t/d（以20%DS计）的生物堆肥工程，但是鉴于成都市中心城区9座污水处理厂中有3座污水厂污泥中汞含量超过农用标准限值，有一座镉含量超标，还有一座锌含量超标，因此规划中建生物堆肥工程是不可取的，建议改建新型高效厌氧消化制生物天然气才是可行的。成都市中心城区 2013 年各污水厂污泥生产量为 251 t/d（以 20%DS 计），2020 年达到 1 320 t/d（以 20%DS 计），建议“十三五”期间第一期工程建一座处理规模 1 000 t/a（以 20%DS 计）的新型高效厌氧消化制生物天然气工程，第二期工程建 400 t/a（以 20%DS 计）厌氧消化制生物天然气工程。

此外，鉴于成都市中心城区建有洛带生活垃圾焚烧发电厂，处理规模 1 200 t/d，有人建议中心城区的市政污泥可以利用生活垃圾焚烧发电厂的余热来干化污泥，使其含水率降至 30%左右，然后混入生活垃圾一起焚烧发电。但是，即使按照掺入 1/10 污泥计，也只能消纳 120 t/d 污泥，与成都市每日污泥产生量相差甚远，因此，这个建议也是不现实的。

2）成都市内带城市的市政污泥处置方案选择

成都市内带城市包括龙泉驿区、青白江区、新都区、温江区和双流县、郫县等四区两县，内带区域社会经济水平比较高，是成都市规划的现代制造业集聚区，2013 年污泥产生量在 527 t/d（含水率 80%），其中龙泉驿区 115.5 t/d，青白江区和新都区合计 107.5 t/d，双流县 97 t/d，郫县 49.5 t/d（含水率 80%），但是有的污泥中部分重金属含量超标（龙泉驿区污泥中镉超标，青白江汞、锌超标），污泥土地利用受限制，鉴于青白江、双流、郫县已建有规模 1 800 t/d 的生活垃圾焚烧发电厂，龙泉驿有现代化砖窑厂、郫县唐元镇有污泥高温好氧堆肥厂、温江区有污泥蚯蚓养殖处理场，因此本规划建议成都市内带都市区市政污泥处置方案为“与生活垃圾混烧为主，建材利用为辅，兼顾土地利用”的方针，具体而言，龙泉驿区各污水处理厂污泥用于现有橘丰山制砖厂制砖，青白江区市政污泥与青白江祥福生活垃圾焚烧发电厂混合焚烧，新都区和温江区市政污泥作蚯蚓养殖处置，双流县市政污泥与双流九江生活垃圾焚烧发电厂混烧，郫县市政污泥可归绿山公司郫县生物堆肥基地进行堆肥而作土地利用。

3）成都市外带城市的市政污泥处置方案选择

成都市外带城市包括都江堰市、彭州市、邛崃市、崇州市、金堂县、大邑县、新津县、蒲江县等四市四县；外带区域社会经济水平中等，2013 年污泥产生量合计 203 t/d（含水率 80%）。都江堰市污泥中镉含量 2.92 mg/kg，汞达 3.25 mg/kg，彭州市污泥中镉 2.63 mg/kg，汞 3.63 mg/kg，根据这些城市社会经济水平和污泥特性，本规划建议成都市外带都市区市政污泥处置方案为“水泥窑协同处理为主，土地利用为辅，适当采用与生活垃圾混烧或蚯蚓养殖处理”。具体而言，都江堰市拉法基瑞安水泥公司、彭州市亚东水泥公司、崇州市凯霖水泥公司可分别协同处置该市的市政污泥，其中都江堰市污泥量 31.5 t/d，彭州市污泥量 41 t/d，崇州市污泥量 19.5 t/d，含水率均为 80%。大邑县苏家镇生活垃圾焚烧厂设计处理规模 105 t/d，建议该县混烧 19 t/d 污泥。至于邛崃市 35.5 t/d 污泥，新津县 20.5 t/d 污泥（含水率均为 80%）进行高温好氧堆肥作农用，更可以用作园林绿化的土壤改良剂。蒲江县市政污泥量仅 10 t/d，建议采用蚯蚓养殖处理。

（2）广安市市政污泥处置方案选择

1）广安市自然地理和社会概况

广安市位于四川盆地中东部的川东地区，有“川东门户”之称，地势东高西低，以丘陵地貌为主，中部和西部为连绵起伏的丘陵，中丘、浅丘大致面积 409 km^2，占全市辖区面积的 64.66%；深丘面积 270 km^2，占 23.23%；平坝面积 50.9 km^2，占 8.3%。全市耕地面积 19.74 万 hm^2，可用于农田综合开发的土地后备资源 17.11 万 hm^2。

广安市于 1998 年获国务院批准为地级市，中心城区（广安区）乃原广安县行政区域，面积 255 km^2。全市辖广安区、岳池县、武胜县、邻水县、代管华蓥市，共 87 个镇，2 886 个村。全市人口 462.53 万人，其中广安区 2010 年为 25 万人，2020 年为 35 万人。

2）广安市城市规划目标

据《广安市城市总体规划（2003—2020 年）》，广安市生活污水处理设施规划城区建两个污水厂，污水一厂规模为 12 万 m^3/d；污水二厂规模为 8 万 m^3/d。

3）广安市污泥处置方案选择的背景、指导思想及原则

①背景

随着广安市城市化进程快速发展，城市污水处理设施建设和污水处理率的逐年提高，城镇污水处理厂污泥产生量也逐年增加，但均未作稳定化和无害化处理，污泥外运随意堆放或简易填埋，直接给环境带来二次污染，这不但降低城市污水处理的效果，而且对生态环境和居民健康构成威胁，直接影响邓小平故居旅游中心形象，也影响山水园林型川东中心城市建设，这表明广安市污泥处置问题已十分突出，进行广安市污泥处理处置专项规划已十分必要，而且应尽快落实处置方案，加快污泥处置设施建设。

②指导思想

广安市污泥处置方案主要是寻找经济、合理、技术可行的污泥处置工艺技术，在广安市中心城区建设污泥处置中心的样板工程，以便带动三县一市污水处理厂污泥的安全处置。

当然市政污泥处置方案要以广安市城市总体规划为基本依据，按照国家及行业主管部门有关政策文件、法规及各类专业性标准、规范为依据，结合广安市发展需求和社会经济发展水平，选择适合市情的实用的污泥处置方式，指导全市污水处理厂污泥处置事业的有序开展。

③原则

按照如下原则编制广安市污泥处置方案：

• 严格遵照污泥各种处置方式的技术指标和准入条件，选择适合广安市污泥产量和特性以及城市性质的污泥处置方式。

• 遵照全市统一规划、分步实施、远近结合、适度超前的原则。

• 因地制宜、合理布局，重点安排主城区污泥处置，适当安排县市而兼顾乡镇污泥处置的方针。

• 遵守污泥处置工艺技术及设施达到先进适用、经济合理、安全可靠的原则。

4）广安市污水处理厂污泥处理处置现状

①广安市生活污水处理厂运行状况

广安市各区、市、县已建污水处理厂运行状况见表 7-1。

表 7-1 广安市各区市县已建污水处理厂运行状况

	广安一厂	华蓥一厂	西部牛仔污水厂	岳池一厂	武胜一厂	邻水一厂
规模（设计/实际）/（万 t/d）	5.0/5.0	1.0/1.0	2.0/2.0	2.0/1.7	2.0/2.0	2.0/2.3
产泥量/（t/d，20% DS）	27.5	5.5	11	9.35	11	11
与主城区距离/km	0	23	26	28	39	40

广安市在建污水处理厂状况见表 7-2。

表 7-2　广安市在建污水处理厂状况

	广安二厂	枣山园区污水厂	奎阁工业园污水厂	华蓥二厂	岳池扩建	武胜二厂	邻水二厂
污水处理规模/（万 m^3/d）	5.0	近期 1.0 远期 5.0	近期 2.0 远期 5.0	1.0	2.0	3.0	3.0
产泥量/（t/d，含水率 80%）	27.5	5.5/27.5	11/27.5	5.5	11	17.5	17.5
运营时间/（年月）	2016.1	2016.1	2016.5	2016.3	2017.6	2016.3	2016.4
与主城区距离/km	0	5	4	24	28	40	40

从表 7-1 可见，广安市已建 6 座污水处理厂，污水实际处理量 14.0 万 t/d，污泥产生量为 75.35 t/d（含水率 80%），如果仅收集距广安区 30 km 内污水处理厂的污泥（即仅收集广安一厂、华蓥一厂、西部牛仔污水厂、岳池一厂等污泥），则污泥量为 53.35 t/d。

从表 7-2 可见，广安市在建 7 座污水处理厂，污水处理量为 17.0 万 m^3/d，污泥产生量为 95.5 t/d（含水率 80%），如果也只收集距广安区 30 km 内污水处理厂污泥，则 5 座在建污水处理厂污泥产生量为 60.5 t/d。

广安市已建和在建的 30 km 以内污水厂拥有的污泥量共有 113.85 t/d（含水率 80%）；如果仅考虑距广安区 10 km 之内污水处理厂，则污泥量仅 71.5 t/d，这只是中型规模。

②广安市污水处理厂污泥处理处置现状

广安市已建污水处理厂出厂的污泥，仅仅通过浓缩和机械脱水处理，使污泥含水率达 80%左右便外运，做简易填埋或堆放，并未做进一步减量化、稳定化、无害化处理，更没有将污泥安全处置，于是污泥中污染物（特别是病原菌）将污染环境，威胁居民健康，目前广安市政府十分重视全市各污水处理厂污泥的科学处理和安全处置。

5）广安市市政污泥处置方案选择

①广安市市政污泥的特性

• 广安市市政污泥中植物营养成分

广安市广安区污水处理厂污泥中含丰富氮、磷、钾、硼、钼、硒及有机质，详见表 7-3。

表 7-3 广安市市政污泥中植物营养成分

成分	有机质	N	P	K	B	Mo	Se	pH	热值
广安一污	54.85	4.85	1.31	1.214	123	4.01	1.79	5.83	14.67

注：有机质、氮、磷、钾单位为%；硼、钼、硒单位为 mg/kg；pH 为量纲一；热值单位为 MJ/kg（干基）。

从表 7-3 可见，广安市市政污泥中有机质及氮、磷、钾含量已符合农用泥质标准。

• 广安市市政污泥中重金属全量及其化学态含量

广安市广安区污水处理厂污泥中重金属全量列于表 7-4，广安区污水处理厂污泥中重金属的各种化学态含量列于表 7-5。

表 7-4 广安区污水处理厂污泥中重金属全量 单位：mg/kg

成分		As	Cd	Cr	Hg	Pb	Cu	Zn	Ni
广安一污		5.81	1.02	44.7	2.60	28.8	69.9	376	19.6
农用	A 级	≤30	≤3	≤500	≤3	≤300	≤500	≤1 500	≤100
	B 级	≤75	≤15	≤1 000	≤15	≤1 000	≤1 500	≤3 000	≤200
土壤剂限值		≤75/≤75	≤5/≤20	≤600/≤1 000	≤5/≤16	≤300/≤1 000	≤800/≤1 500	≤2 000/≤4 000	≤100/≤200
有机肥限值		≤15	≤3	≤150	≤2	≤50	—	—	—

表 7-5 广安区污水处理厂污泥中重金属的各种化学态含量

单位：mg/kg

化学态 \ 成分	As	Cd	Cr	Hg	Pb	Cu	Zn	Ni
水溶态	0.12	0.003	0.40	0.002	0.041	7.43	9.77	5.84
离子交换态	0.069	0.011	0.17	0.001	0.93	0.69	2.58	2.01
碳酸盐结合态	0.08	0.04	0.69	0.001	1.28	2.14	58.1	1.09
腐殖酸结合态	1.72	0.03	2.93	0.015	2.01	4.52	41.6	0.65
铁锰氧化物结合态	1.26	0.21	2.41	0.002	3.11	34.9	79.7	0.77
强有机结合态	0.12	0.20	2.69	0.004	2.21	30.9	45.6	0.93
残渣态	2.99	0.29	40.2	2.28	13.6	37.1	69.0	6.32
残渣态所占比例/%	47.02	36.99	81.23	98.92	58.67	53.03	16.20	34.80

从表 7-4 可以看出，广安区污水处理厂污泥中重金属含量达到农用 A 级标准限值，即使 Hg 含量接近 A 级标准限值，但从表 7-4 可见污泥中的汞是以残渣态为主（占 98.92%），因此广安区污水一厂污泥的泥质完全符合农用，可以做农田肥料，更可以做土壤改良剂使用。

• 广安市市政污泥的热值

广安市市政污泥的低位热值为 14.67 MJ/kg（干基），接近全国市政污泥的平均热值（14.65 MJ/kg），以 1 kg 标准煤热值为 29.308 MJ/kg 计，表明广安市污水处理厂污泥热值（干基）相当于标准煤热值的一半左右，但是污泥 80%含水率的低位热值仅 552.7 kJ/kg。

②广安市市政污泥处置方案

广安市已建 6 座污水处理厂污泥产生量达 75 t/d（含水率 80%）。2016 年建成的 7 座污水处理厂污泥产生量为 96 t/d（含水率 80%），如何经济、彻底解决这些污泥出路问题，已成为广安市政府亟待解决的问题。遵照广安市污泥处置的原则，在选择污泥处置方式时，既解决全市污泥最终出路问题，又开发新的再生资源；而且还要考虑短期适用目标和终极发展目标的衔接。为此，在全面分析研究广安市污水处理厂污泥产生量、特性以及城市性质和城市现有的工业设施后，对各污水处理厂污泥的处置作如下专项规划：

• 利用广安市现有工业设施协同处置市政污泥的近期规划

广安市可供协同处置市政污泥的工业设施计有 6 座水泥厂、1 座燃煤发电厂、1 座生活垃圾焚烧发电厂。

首先利用广安市 6 座水泥厂就近协同处置市政污泥，这是一种减量化显著、无害化彻底、又具资源化利用的处置方式。国内外已证实技术可行。因为市政污泥化学特性与水泥生产所用的原料基本相似，燃烧后的残渣被煅烧固化，成为水泥熟料的一部分，同时污泥燃烧又提供热量，污泥添加量在 10%～15%（含水率为 80%），技术成熟可靠。

• 水泥生产协同处置污泥工艺流程简介

由石灰岩、砂页岩、铁矿粉磨碎成粉，混合成生料，经五级预热器逐步加热至 850℃后，与煤粉及干污泥（含水率 30%）一起进入分解炉，在 850～900℃分解炉内发生碳酸盐分解反应，当物料中碳酸盐分解率达 95%左右，转入回转窑煅烧；物料在回转窑内逐步升温至 1 500℃，物料便在熔融状态下发生化学反应，生成硅酸盐矿物；硅酸盐矿物经急冷后，成为硅酸盐水泥熟料。水泥熟料加入适量石膏和粉煤灰，经混合磨细而成水泥。

水泥生产协同处置污泥的工艺流程见图 5-21。

说明：水泥生产中的污泥干化是利用水泥生产的废气余热（温度约 260℃），通过水泥厂配套建设的烘干预处理系统，将含水率 80%的污泥烘干至含水率低于 30%的干污泥。经输送及喂料设备将干化污泥送入水泥窑的分解炉内焚烧，由于分解炉内温度高（850～900℃）、热熔大，能将干污泥快速完全燃烧，烧尽后的灰渣随物料一起进入回转窑内经高温（1 500℃左右）煅烧，生成硅酸盐矿物，污泥中的重金属便进入硅酸盐矿物晶格中被固定。

• 广安市水泥厂协同处置污泥的实施方案

广安市有 6 座已建污水处理厂，有 7 座 2016 年上半年完工的污水处理厂，而广安市有 6 座水泥厂，现根据污水处理厂与水泥厂的距离、污泥产生量与水泥生产规模，作如下安排：

广安污水一厂、二厂、枣山、奎阁再生利用污水厂以及西部牛仔污水厂的污泥可由广安区前锋镇果建村的台泥水泥厂协同处置。5 座污水处理厂的污泥产生量共计 82.5 t/d（含水率 80%），而台泥水泥厂的水泥生产规模达 3 800 t/d，污泥添加量仅 2.2%左右，完全符合水泥生产要求，几座污水处理厂与水泥厂相距约 26 km。

上述 5 座污水处理厂的污泥也可由广安区桂南路的桂兴水泥厂消纳，桂兴水泥厂生产规模为 2 700 t/d，5 座污水处理厂的污泥产生量合计 82.5 t/d（含水率 80%），污泥添加量仅占 3.06%。

华蓥污水处理一厂、二厂污泥由华蓥市溪口镇华蓥水泥厂消纳，污泥添加量仅占 1.13%。如果华蓥市两座污水厂污泥归华蓥市溪口镇四川铁路集团水泥厂处置，由于该水泥厂生产规模 12 600 t/d，污泥添加量仅仅占 0.08%，污泥量太少，不经济。

邻水污水处理一厂、二厂污泥可由邻水县四海乡土塘村的邻水红狮水泥厂消纳，邻水县两座污水厂污泥产生量为 28.5 t/d，而红狮水泥厂水泥生产规模为 8 000 t/d，污泥添加量仅占 0.36%，完全可行。

武胜县污水处理一厂、二厂污泥产生量为 28.5 t/d（含水率 80%），该县并无可供协同处置污泥的工业设施，可以考虑三种出路：其一为条垛式好氧堆肥，生产土壤改良剂，用于园林绿化或果树的培植土；其二作建材利用，生产多孔砖；其三蚯蚓养殖处理。

岳池县污水处理厂（包括扩建）污泥产生量为 20.35 t/d（含水率 80%），这些污泥可以送往岳池县普安镇生活垃圾焚烧发电厂，与生活垃圾混合焚烧。生活垃圾焚烧厂一期、二期合计处理规模 1 200 t/d，污泥与生活垃圾混烧，既可利用垃圾焚烧厂的余热干化污泥，使污泥含水率降至与生活垃圾相当的水平，又可利用生活垃圾焚烧厂现有焚烧炉和尾气处理设备，只需增加污泥贮存设施和进料装置。

· 建设广安市污泥生物燃气化处置中心

广安市市政污泥中含有机质较高（54.95%），易降解可以通过厌氧消化提取其中大量生物质天然气，分解后的残留物可作土壤改良剂、替代化肥。市政污泥新型高效厌氧消化制生物天然气工艺是目前得到大力推荐的工艺技术，在广安市引进中型规模的新型高效厌氧消化制沼工程，并将该工程项目作为样板工程。从节能减排形势以及污泥再生利用看工艺技术，这将是一项重要的解决广安市市政污泥出路的技术路线，在目前市政污泥处置行业进入迅速发展之际，尽快完成样板工程，把握污泥处置行业发展趋势和节奏，以便在此行业内获得长远的发展；而利用现有工业设施协同处置市政污泥，只是应急措施，不是长久之计。

a. 市政污泥新型高效厌氧消化工艺技术原理简介

市政污泥厌氧消化工艺主要是利用兼性菌和厌氧菌在缺氧和无氧条件进行厌氧生化反应，分解污泥中有机物质，产生甲烷和二氧化碳的一种污泥再生能源利用的工艺技术。污泥厌氧消化经历四个阶段，即水解、酸化、乙酸化和甲烷化。它可分为常温厌氧消化、中温厌氧消化和高温厌氧消化，工程上多采用中温厌氧消化（35℃±2℃），一般不采用常温厌氧消化，因为它产气和运行不稳定；也少用高温厌氧消化，尽管产气率高，但能耗高、运行费高、系统操作要求高。

目前国内外市政污泥厌氧消化的先进工艺技术是污泥浓缩、脱水（含水率 80%）+高温热水解+中温/高温厌氧消化+沼气净化提纯的综合处理方案。整体工艺设计和系统集成较先进，其中采用高温（150～170℃）、高压蒸汽进行的热水预处理，乃是利用高压蒸汽对污泥进行蒸煮和瞬间卸压气曝闪蒸的工艺，使污泥中的微生物细胞壁、胞外聚合物水解，提高污泥流动性，大大提高厌氧消化罐进料固体浓度，降低污泥在消化罐内停留时间，容纳更多污泥，更重要的是提高沼气产生率达 15%～20%，而且提高沼渣脱水性能。广安市污泥厌氧消化工艺中将引进热水解预处理的先进技术和沼气净化提纯技术，尤其沼气提纯技术，生产纯度达 99.9%的生物天然气可作市内交通车车用燃料。

b. 广安市污泥厌氧消化工艺流程（见图 5-7）

上述工艺设计和系统集成的关键装备包括接收料斗、热水解预处理罐、厌氧消化罐和沼气净化提纯装置。接收料斗底部设有四个螺旋输送机输送污泥；热水解预处理罐类似高压锅，锅内蒸汽温度达 150～170℃，杀灭病原菌，且瞬间卸压气曝闪蒸。厌氧消化罐是核心装备，内设高效机械搅拌装置，顶部安装转轴式搅拌器，在一根轴上设有上、下搅拌桨，搅拌桨低速旋转，可将消化罐内的浆液形成由内向外，由上而下的高效混合流动。在罐顶液面位置还配有高旋转的浮渣破碎搅拌装置，将顶部的浮渣泡沫均匀混合到消化罐内。在消化罐底部对称位置处设排沙口，可定期排出渣物。沼气净化系统主要是脱硫塔去除 H_2S，冷凝器去除沼气中的水汽，沼气净化后送入加压储气柜，然后送入沼气提纯系统，由提纯系统中专用醇胺 CAPure®吸收液吸收沼气中 CO_2，提纯回收沼气中甲烷做车用燃料。

c. 广安市市政污泥厌氧消化产生的生物天然气量

广安市污泥再生能源处置中心将集中收集广安第一污水厂、第二污水厂，枣山、奎阁及西部牛仔污水厂等 5 座污水处理厂污泥共计 82.5 t/d（20%DS）。如果将距广安区 30 km 以内的已建和在建污水处理厂污泥全部集中收集处置，污泥量达 113.85 t/d（20%DS）。如果按每吨湿污泥（20%DS）产甲烷气 31.5 m^3/t 计算，那么筹建的广安市污泥再生能源利用处置中心运用新型高效厌氧消化工艺技术，将产生生物甲烷气量分别为：

$$82.5\ t/d \times 31.5\ m^3/t = 2\,598.75\ m^3/d$$

$$113.8\ t/d \times 31.5\ m^3/t = 3\,584.7\ m^3/d$$

这些生物天然气可供广安市 45 辆公交车或 135 辆出租车每天用气量。

6）广安市市政污泥处理处置专项规划实施的市政机制保障措施

①相关政策保障

目前国内大部分县以上城市已出台污水处理收费政策，并根据当地实际情况采取了一些切实可行的实施办法。目前应建立污泥处置价格补偿机制，落实污泥处置扶持政策。

②加强组织协调

根据政府职能分工，则计划、建设、物价、环保、财政、税务、国土等部门各司其职，协同配合，加快制定市政污泥处理处置资金补助、收费管理、市场准入制度等方面的配套政策，促进市政污泥处置项目建设顺利实施和正常运行。

③污泥处置建设项目的程序控制

市政污泥处置项目应选择合适的设计单位、工程实施单位，全过程严格按照国家基本建设程序的有关规定进行。

④市场机制保障

当市政污泥的泥质达到A级农用标准时，农业部门和环保部门应鼓励和大力支持达标污泥进行好氧堆肥农用，放宽其达标制成的有机肥的市场限制，宣传鼓励农民使用这类有机肥。

8 建议与结语

8.1 建　议

（1）国内市政污泥处理处置比较滞后，建议尽快落实编制各省市政污泥处理处置专项规划，并纳入污水治理的总体规划一同实施。

（2）在制定污泥处理处置专项规划时，应以近期目标和长远目标相结合，分散处理与集约化处置相结合，稳定化、无害化处理与资源化再生利用相结合，尽快建立我国市政污泥处理处置完善的工程技术体系及其评估标准。

（3）大力开展污泥处置新工艺、新技术、新设备的研究与开发。市政污泥随着城镇污水处理设施建设的加速，污泥产生量也将迅速增加，但是目前市政污泥处置实用的工艺技术处于摸索阶段，因此应组织技术力量，加大力度研究与开发实用的污泥处置工艺技术和关键设备，尤其中小城市污水处理厂污泥处理处置工艺技术的选择已迫在眉睫，是采用简易堆肥，抑或蚯蚓养殖处理？至于规模达100 t/d（含水率 80%）以上的污泥，建议采用呼声不断提高的热水解厌氧消化制沼工艺技术，吸收国外先进经验，通过引进、仿造、改进、创新，结合污泥特性、污泥量以及社会发展水平，研究探索出先进又适合当地情况的污泥能源化工艺技术及设备。

（4）国家职能部门应加快市政污泥处理处置技术政策的编制工作，尤其应抓紧建立污泥处理处置技术的评估体系和方法。

（5）市政污泥处置的资源再生利用工程应给予财政补贴、税收优惠，引导企业积极开展回收能量和肥源的工艺技术。

（6）健全和规范污泥再生利用产业政策，对于农业大省，在市政污泥处置方式选择时，当污泥中重金属含量达农用 A 级泥质标准时，则应鼓励以土地利用为主，农业主管部门应大力支持达标污泥堆肥产品进入农用肥料市场。

8.2 结 语

一座城市，城镇污水处理厂污泥的处理处置与污水处理是同等重要的，是营造文明城市、卫生城市、环保城市、生态城市不可缺少的城市基础设施建设，开展市政污泥特性和再生利用处置技术研究已形成一股强势东风，因为只有搞清楚污泥特性，方能提出切合实际、符合国家技术政策的污泥再生利用处置方式，才能实现市政污泥资源化而达到固体废物循环利用的目的。

参考文献

[1] 林云琴，周少奇. 城市污泥好氧堆肥过程中重金属形态变化[J]. 生态环境，2008，17（3）：940-943.

[2] 孙丽宁，等. 城市污泥好氧堆肥过程中重金属的形态变化[J]. 环境科学学报，2009，29（9）：1836-1841.

[3] 陈学民，等. 2 种表居型蚯蚓处理污泥的比较研究[J]. 环境科学，2010，31（5）：1274-1279.

[4] 徐轶群，等. 蚯蚓活动对城市生活污泥重金属的影响[J]. 农业环境科学学报，2010，29（2）：2431-2435.

[5] Azizi A B，et al.. Vermiremoval of heavy metal in sewage sludge by utilising Lumbricus rubellus [J]. Ecotoxicology and Environmental Safety，2013，90（1）：13-20.

[6] King J，Zhang Z，Wang JJ. Influence of humic substances on bioavailability of Cu and Zn during sewage sludge compositing [J]. Bioresource Technology，2011，102（17）：8022-8026.

[7] Liu Xiaoli，Hu Chenxiao，et. al.. Effects of earthworm activity on fertility and heavy metal bioavailability in sewage sludge [J]. Environment International，2005，31：874-879.

[8] 倪丙杰，等. 污泥性质的重要影响物质——胞外聚合物（EPS）[J]. 环境科学与技术，2006，29（3）：108-111.

[9] 朱美青，等. 不同混凝剂对污泥脱水性能的影响研究[J]. 环境科学学报，2012，32（9）：2126-2133.

[10] 李欣，等. 污泥调理剂和有机高分子絮凝剂联合作用对污泥脱水性能影响的研究[J]. 净水技术，2009，28（3）：40-44.

[11] 蔡璐，等. 中国大中型城市的城市污泥热值分析[J]. 中国给水排水，2010，26（15）：106-108.

[12] 陈萌，等. 城市污水处理厂污泥热值及影响因素分析[J]. 中国给水排水，2008，34（4）：37-40.

[13] 陈桂梅，等. 污泥堆肥的应用及其在农业中的发展趋势[J]. 中国农业通报，2010（24）：301-306.

[14] 王涛. 污泥堆肥技术现状及应用中注意的问题[J]. 中国环保产业，2014，2：30-35.

[15] 陈同斌，等. 城市污泥堆肥处理及其产业化发展中的几个关键问题[J]. 中国给水排水，2009，9：104-108.

[16] 陈同斌，等. 城市污泥复合肥的肥效及其对小麦重金属吸收的影响[J]. 生态学报，2002，

22（5）：643-648.

[17] 王涛. 城市污泥堆肥施用及重金属问题探讨[J]. 上海环境科学，2009，1：37-40.

[18] 徐强，等. 污泥处理处置技术与装置[M]. 北京：化学工业出版社，2003.

[19] 孙振钧，孙永明. 蚯蚓反应器与废物肥料化技术[M]. 北京：化学工业出版社，2004.

[20] 郭广慧，陈国斌，等. 中国城市污泥重金属区域分布特征及变化趋势[J]. 环境科学学报，2014，34（10）：2455-2461.

[21] 傅金祥，沙明卓，等. 污水污泥中重金属形态分析研究[J]. 中国给水排水，2010（36）：119-122.

[22] 李明. 高温堆肥与蚯蚓堆肥对城市污泥重金属形态的影响[J]. 环境工程学报，2008，2（10）：1409-1412.

[23] 胡安. 蚯蚓处理对城市污泥中重金属富集及其生物可利用性的影响[D]. 杭州师范大学，2011.

[24] 汪杰峥. 绿色环保肥料——蚯蚓粪[J]. 科学种养，2014（10）：55.

[25] 郭金平，梁文涛. 高温好氧堆肥后污泥主要物质的变化[J]. 陕西农业科技，2014（4）：57-58.

[26] 吴香尧. 生物地球化学概论[M]. 成都：成都科技大学出版社，1993.